決定版

増田さんちの昭和レトロ家電®

増田健一 著

山川出版社

こんにちは　レトロ家電　またまた

昭和30年代、戦後の混乱がひと段落した日本では、いわゆる三種の神器（テレビ・冷蔵庫・洗濯機）をはじめとしたさまざまな電化製品が登場して、人々のくらしは大きく変わりました。ご飯が自動で炊けるようになり、また洗濯板でゴシゴシと手で洗っていたものが洗濯機でできるようになり、そして冷蔵庫で冷やしたビールを飲みながらテレビのナイター中継を楽しむ……。

当時の家電各社の姿勢は、「電気で出来るものは電器でやってみよう」「お客さんの要望があれば作ってみよう」だったようです。いわば今以上に、可能性を追求した時代。それは時にアイデア先行だったかもしれませんが、むしろそんな製品にこそ、時代の勢いや元気さをより感じることができるように思います。私はそこに魅力を感じて、その頃のユニークな家電を中心にコツコツと収集してきました。「ジャマ」「床が抜ける」と言われながら。

おかげさまで拙著の「昭和レトロ家電」も３作目。今回は全編を通してそんな家電製品がいっぱい。言うなれば「ユニーク家電大行進」です。例えば、電気で出来るものは電器でということで自動洗米機や電気缶切り。生活の合理化ということでストーブ兼用の電気コンロのような一台二役の家電。蒔絵形のラジオや電気火鉢、風鈴ブザーと日本ならではの畳の似合う和の家電。流行をいち早く製品に取り入れた人工衛星形の蛍光灯スタンドやコンコルド型の鉛筆削り……。どんな思いで作らはったのか。使った人はどう感じたのかな。その時代背景は。そうやって想いを馳せながらこれらの製品を見ていると、当時の人たちの息遣いが感じられてくるようです。

ご縁あってこの本をお買い求めくださった皆さま、ありがとうございます。そんな製品たちをみて、これからご一緒にほっこりしませんか。そしてその頃の日本の元気さや勢いを感じませんか。どうぞよろしくお付き合いのほどを。

増田 健一

もくじ

第3章

やぐらこたつ、魚焼き器、ゆで卵器

第4章

あんなこと、こんなことがありました

Snack 3

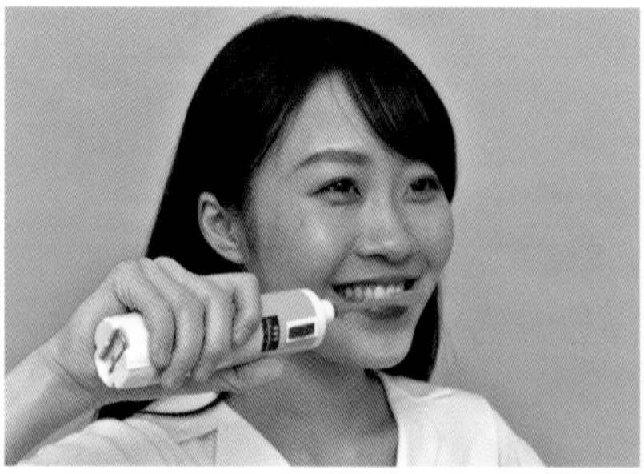

この本では、私、増田健一のコレクションを紹介しています。個人的な思いが入ってますので、品物にはかたよりがありますし、必ずしも昭和家電の歴史を押さえたものにはなっていません。特に今回は全編をユニーク家電でまとめています。その点どうぞご了承くださいませ。

社名表記について

●商品データに記載しているメーカー名は発売時の社名を使用し、社名が変更されている場合はカッコ内に現社名を記載しています。

●一部社名は次のように省略しています。松下電器産業＝松下、早川電機＝早川、三洋電機＝三洋、東京芝浦電気＝東芝、日立製作所＝日立など。

●発売時の社名と現社名が大幅に変わっていない社については、現社名を省略しています。

●表記メーカー名にはその子会社が製造した製品も含まれます。

商品名について

●商品名は、発売当時のカタログ等に準拠しています。

発売年について

●発売年は、その製品（同じ型番のもの）が初めて発売された年を記載しています。

価格について

●価格は、発売時の現金正価（現金定価）を記載しています。
（前作『続・懐かしくて新しい昭和レトロ家電』以降から、新たに発売年等が分かった場合は、それを反映しています）

第1章

百花繚乱 デザインの家電

創意あふれる外観、近未来、アート……

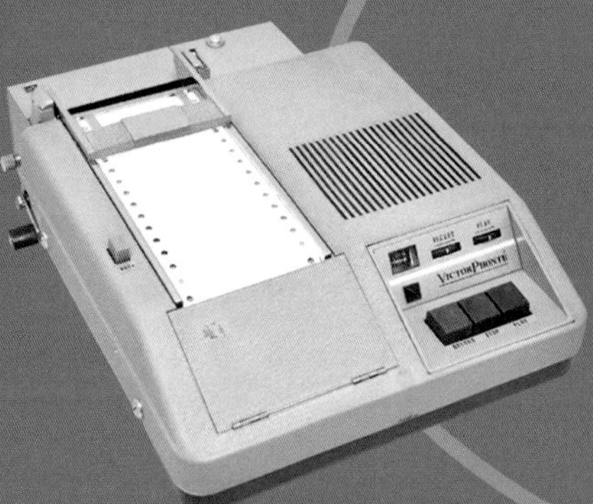

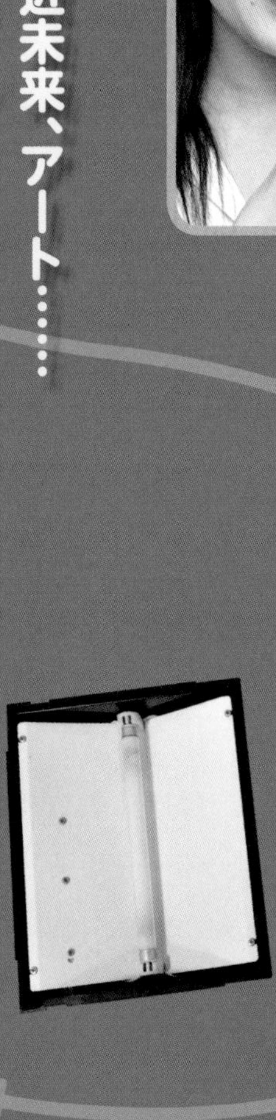

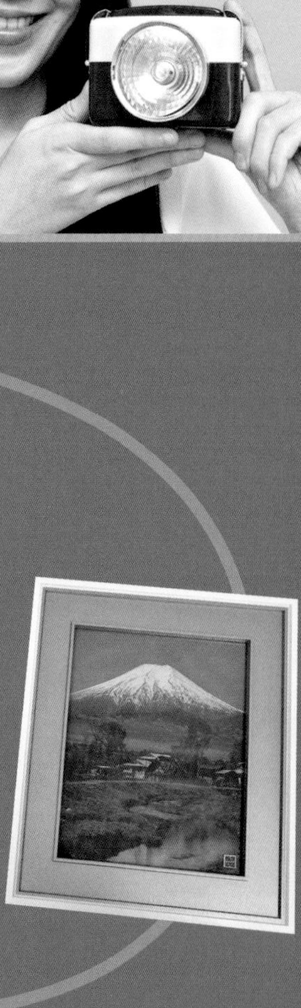

これからはデザインの時代

これは昭和26年、松下幸之助氏が米国視察から帰国後に語った言葉だそうです。昭和30年代は、売り上げに大きく関わってくるということで、デザインに注目が集まりだした時代でした。それは外観のみならず、使い良さや生活の豊かさへの提案まで広がりをみせます。ここでは従来のイメージとは違うユニークな外観の製品に的を絞って、いくつかご紹介します。

トランケットを買って　月旅行へ行こう

早川（現 シャープ）

宇宙ロケット型ラジオ「トランケット」

BH-351　昭和34年　10,900円

「トランケット」の名前の由来は、トランジスタとロケットの造語から。ロケットのような、はたまた当時のアメ車のような。今見ても、とても斬新で楽しいデザインです。従来のトランジスタラジオと違い、棚や机の上に置いても安定している。またどこから見ても飽きのこないような意匠にしました。

宇宙ロケット型ラジオの名にふさわしく、愛用者カードの返送で「月旅行資金」として10万円とテレビが当たる懸賞がありました。それから60年……。10万円で月旅行をするには、まだもう少し時間がかかりそうです。

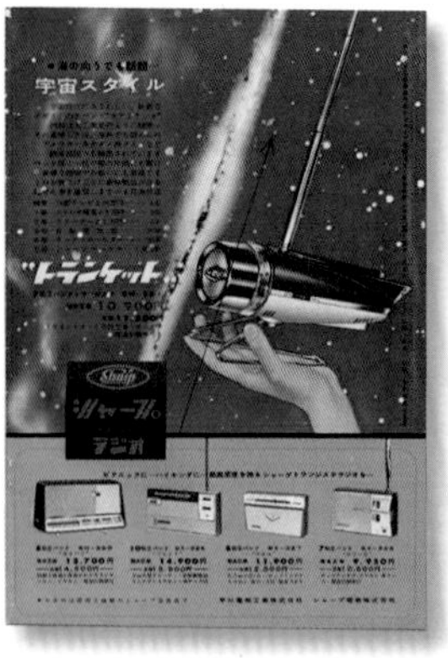

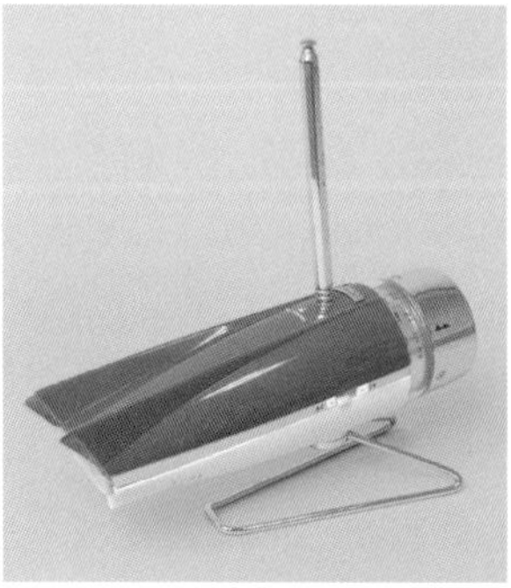

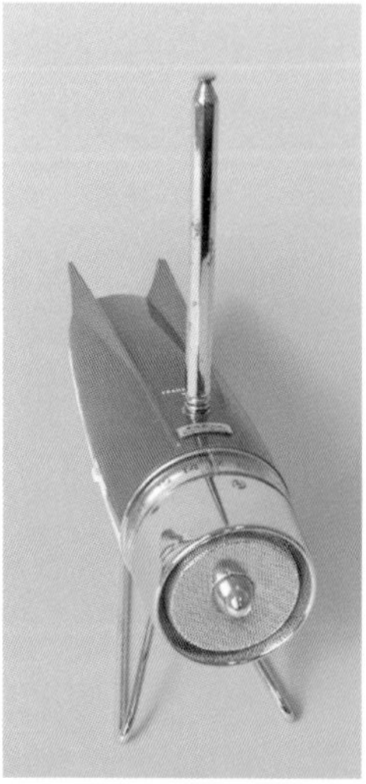

前面はスピーカーと同調ツマミが一体化した斬新なデザイン

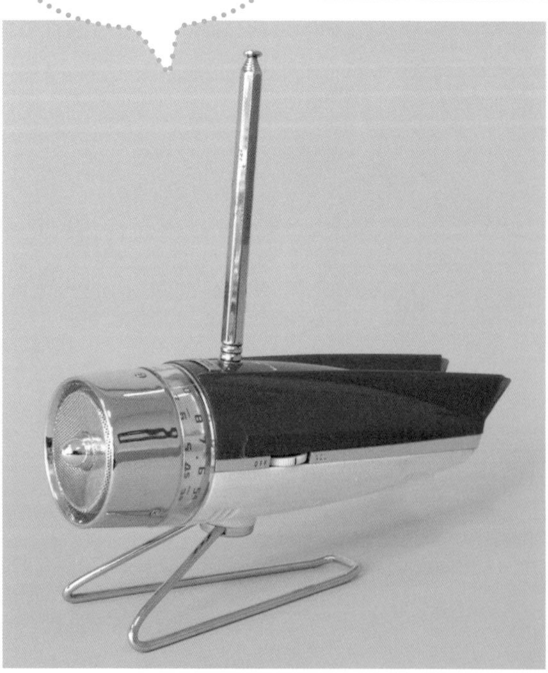

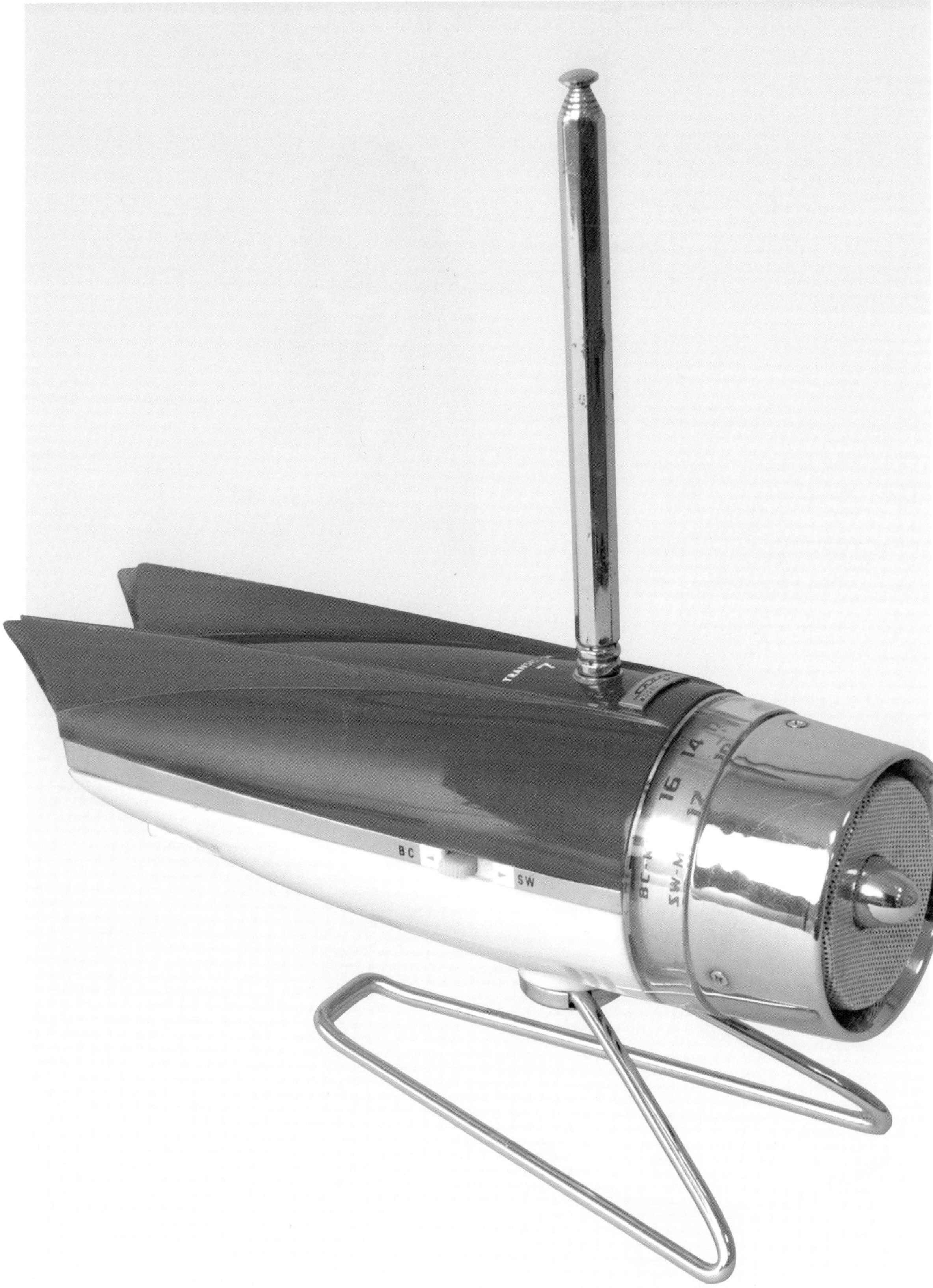
7
16
14
17
BC
SW

空飛ぶ円盤がスピーカーになって机の上に着陸

松下（現 パナソニック）

トランジスタラジオ用ホームスピーカー

SPT-501　昭和35年　1,800円

ポータブルサイズのトランジスタラジオ（ポケットタイプより一回り大きなサイズ）に、この専用スピーカーをつなげば、家庭用のホームラジオのような美しい音で聴くことができるというもの。ラジオ内蔵のスピーカーを鳴らすエネルギーを利用するので、新たな電池は不要です。

机の上・枕元・そして天井から吊り下げて家族みんなで聴く……といろんな場所での使い方が考えられました。近未来的なデザインのスピーカーから流れる美しい音は、ラジオを聴くという普段の生活を、ちょっとオシャレに演出したことでしょう。

松下（現 パナソニック）
トランジスタラジオ
T-81 昭和37年
16,800円

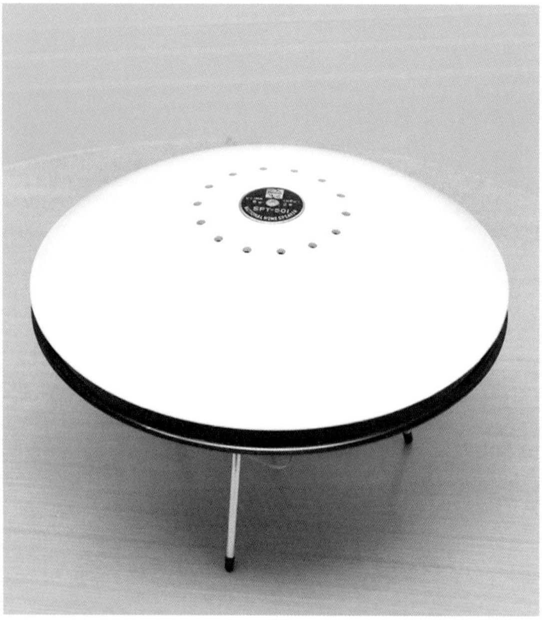

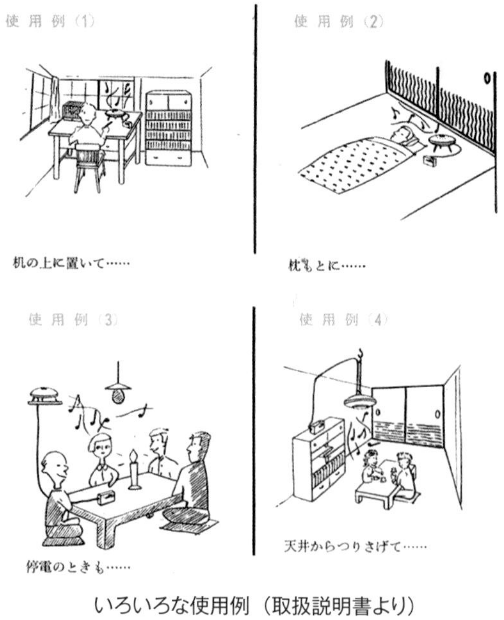
使用例（1）
机の上に置いて……
使用例（2）
枕もとに……
使用例（3）
停電のときも……
使用例（4）
天井からつりさげて……

いろいろな使用例（取扱説明書より）

センスとパンチのきいた“カッコイイ”ラジオ

松下（現 パナソニック）

トランジスタラジオ「パナペット クルン」

R-72　昭和46年　3,700円

昭和40年代も半ばになると、トランジスタラジオの普及も一巡となり、あらたな需要を狙って、若者に向けてファッショナブルな製品が出てきました。そんな中、登場したのが「パナペット　クルン」。真ん中のつなぎ目を軸に、ダイヤル部分とスピーカー部分が各々180度回転するので、ブレスレットのように、電話の受話器のように、またS字形にと自由な形で使うことができました。「最近ヤングの間でいわれている“総ファッション化時代”“フィーリング時代”にあわせたセンスとパンチのきいた“カッコイイ”アイデア商品が今後も続々登場しそう」（『電波新聞』昭和46年10月9日）。令和のナウなヤングの皆さんにも喜ばれそうなラジオです。

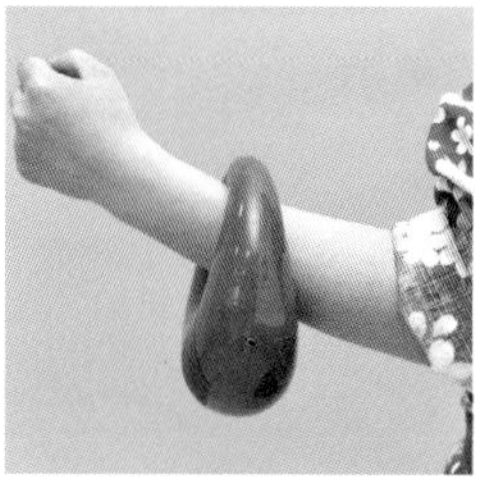

ラジオ界の新しい波 わが国最初の壁掛け形トランジスタラジオ

東芝

壁掛けラジオ

7TH-425　昭和35年　13,000円

下のひもを引っ張ることでON/OFFさせます

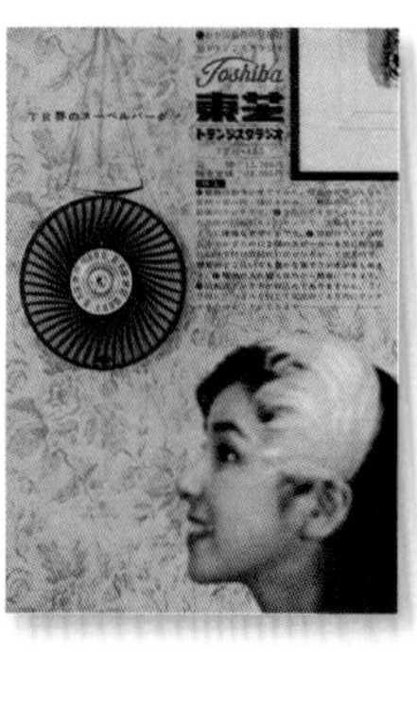

応接間がよく似合う　高級スタンド式ストーブ

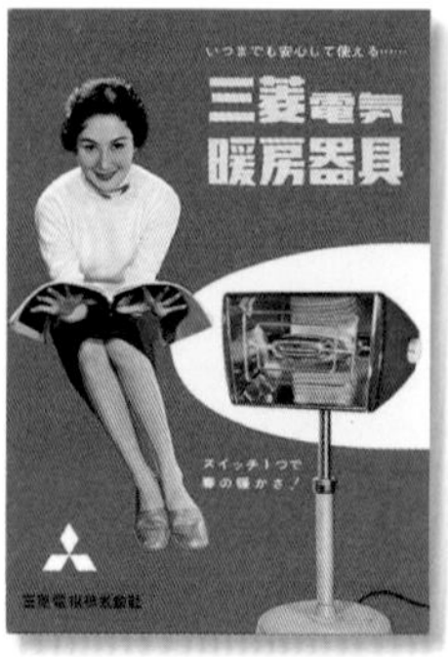

三菱

800Wスタンド式ストーブ

R-801　昭和33年　5,900円

「近代的感覚を生かした　洋間向けのスマートなデザインと　美しい色調をもつデラックスタイプ」（取扱説明書）ということで、今までのストーブのイメージとは異なったスタンド型のストーブです。反射面の角度は上下・左右・そして高さが自由に調節できるようになっています。

昭和31年の電気暖房器具の生産状況は、コタツ（あんかを含む）が184万台、かたやストーブは16万台。ストーブはこれからが普及のスタートということで、この頃、各社からはいろんなタイプのものが発売されました。

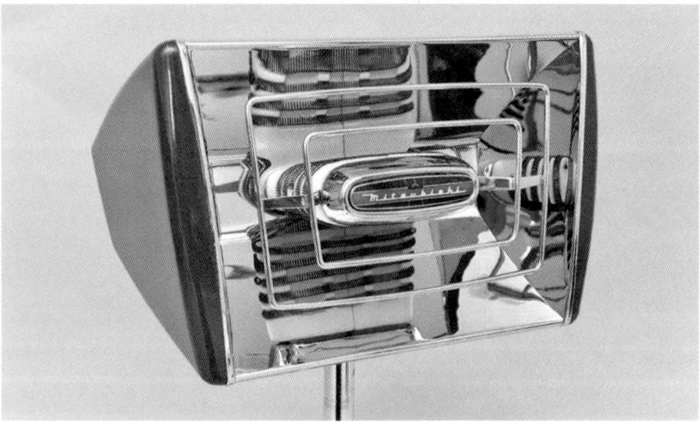

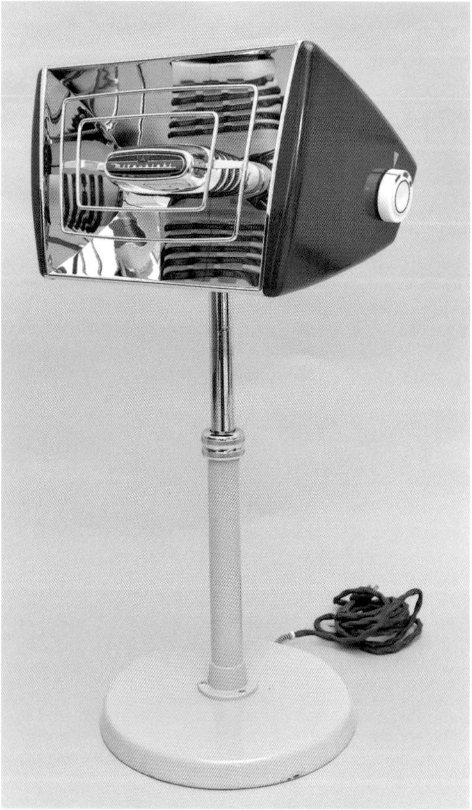

お部屋の雰囲気を一新する
ストーブのニューウェーブ

三菱

電気ストーブ

RC-601　昭和38年　3,700円

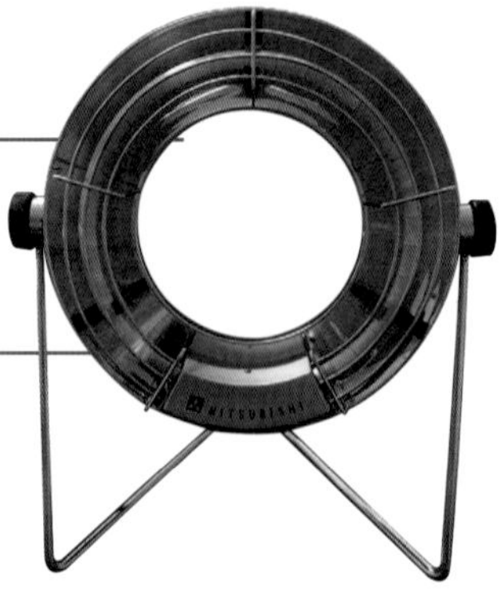

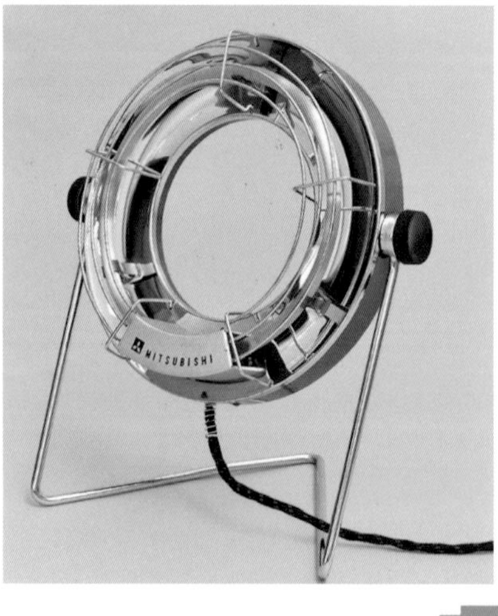

電気手あぶりを囲んで　冬の井戸端会議

東芝

電気手あぶり
（洋室用スタンド型）

SHK-35　昭和33年　3,000円

電気手あぶり……。その名の通りスタンドの上部に電熱線の手あぶり。そして周囲は輪形の灰皿になっています。ごくごく小さな電熱線ですので、部屋を暖めるものではなく、文字通り「手をあぶる」ものです。
オヤジさんたちがこのスタンドを取り囲み、背中を丸めて手をあぶりながら煙草を吸って雑談している。そんな冬の風景が浮かんできます。

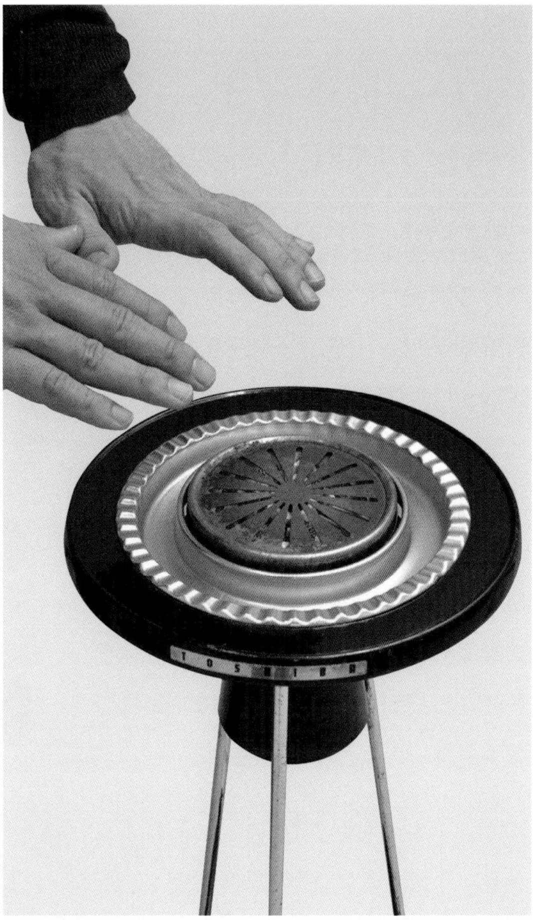

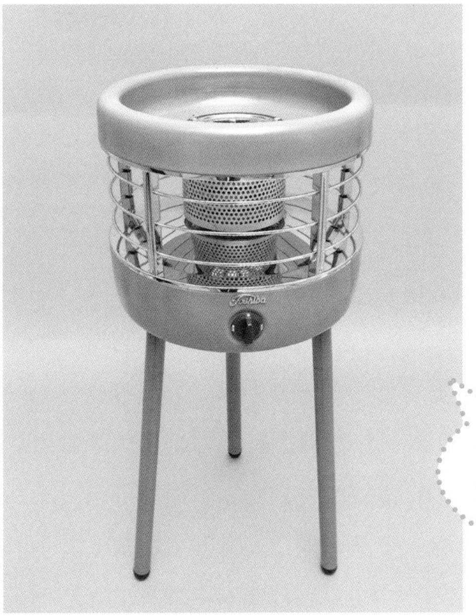

火鉢を電化して　電気火鉢を洋風に
さらにはスタンド式へ

東芝

電気火鉢（スタンド式）

SRT-611　昭和35年　4,750円

脚がついて
椅子に座ったままでも
火鉢が楽しめるように
なりました

手に持って 机に置いて 壁に掛けて、使い方いろいろのドライヤー

日立

ヘアードライヤー「セビリアL」

HD-3000　昭和42年　3,100円

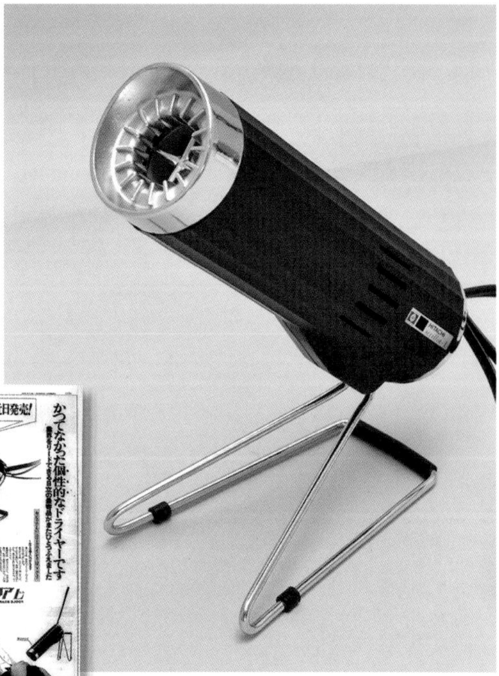

黒を基調としたジェット機のエンジンを思わせる筒型のデザインは、「現代の先端をゆくヤングマンの好みにピッタリ」（新聞広告）なんだとか……。

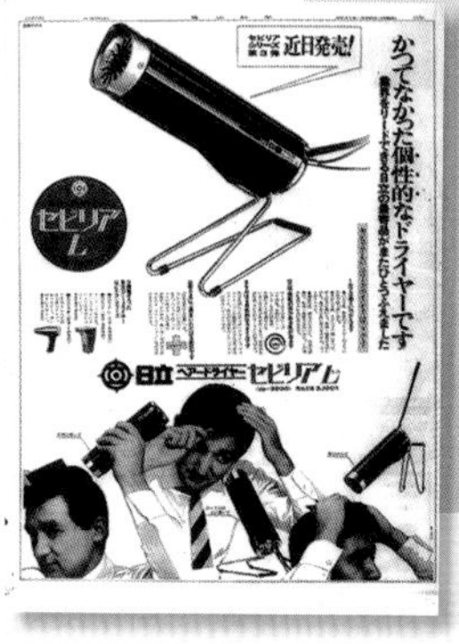

ユニークな筒型のデザインのみならず、1台で３通りの使い方ができるように工夫がされています。まずは普通のドライヤーのように手で持ってのハンド式。ほかには脚を取り付け机の上に置いて使うスタンド式、壁に掛けて使う壁掛け式。これだと両手が空くのでセットがしやすそうです。

楽しい夢を呼ぶ　可愛い動物のベビーコタツ

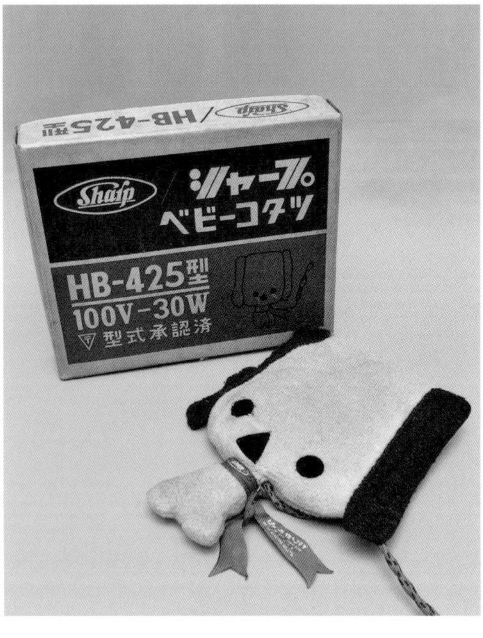

早川（現 シャープ）

ベビーコタツ

HB-425　昭和36年　1,750円

昭和30年代に入ると、ふとんの中に入れて足を温める「あんか」※も、それまでの木製の山型のほかに、平型や触り心地のよいフェルト貼り、最初に15分ほどコンセントにさしてあとはコードレスで使う蓄熱タイプ……と、いろんな種類が出てきました。

また子供用に可愛い形のあんかも各社から発売され始め、このベビーコタツもそのひとつです。「坊やの楽しい夢を呼ぶ…可愛い動物のおこた！」（新聞広告）。そして子供用ということで防水型にもなっています。

※関西では主にこたつと称していました（49ページ）

人工衛星スタイルの加湿器

松下（現 パナソニック）

ポータブル加湿器
「ハーモニー」

BV-03KDA　昭和44年　9,900円

昭和40年代に入り、鉄筋コンクリートやアルミサッシといった気密性の高い住宅が増えるにつれ、暖房時の乾燥によって、ノドの痛みや木製家具のガタツキなどの問題が表面化、加湿器に注目が集まり始めました。

この加湿器「ハーモニー」が発売された昭和44年は、アポロ11号が人類初の月面着陸に成功……。それにあやかってか、モダンな“人工衛星形”。

またプラスチック製で軽いので、部屋から部屋へ持ち運び自由な「ポータブル加湿器」です。

従来の加湿器が熱を利用して蒸気化していたのと違い、中央にあるファンが回転し霧状に水を出して加湿する方式なので、熱を出さない、電気代が安いという利点がありました。

夢のような光があふれる
ロマンチックな電気スタンド

松下（現 パナソニック）

タテ型ルーバースタンド
「ムーンライト」

FN1060　昭和28年　1,700円（シェード別）

従来の横型の蛍光灯スタンドと異なり、タテ型のスタンドにして光を四方へ広げました。また円形ルーバーをつけることで、「光源が直接眼にふれず、圓形ルーバーから、やわらかい夢のような光が溢れる－新趣向の照明」（『ナショナルタイムス』昭和28年7月）。

電気スタンドは手元さえ明るければ……から、デザインも重視されはじめた時代、“夢のような光が溢れる新趣向の照明”は、東京電力・銀座サービスセンターの蛍光灯コンクールで１等に選ばれました。

家電はアートだ！

昭和 40 年代に入ると電化製品にも彩りを……と、冷やす・温めるといった機能だけではなく、使うシーンに潤いや豊かさを感じさせるようなデザインが。また花柄の洗濯機やポットそしてトースターなどカラフルなものも流行しました。

季節や気分に
合わせてパネルの
交換もできました

優雅な気分で朝食を

三菱

自動トースター「アトリエ」

AT-202　昭和43年　2,880円

トースターの側面に絵画のパネルを取り付けて、それを眺めながら優雅な朝食を……という趣向。またパネルは交換ができるようにもなっていて、その交換用パネルには、ミレーの「落穂拾い」など、世界の名画から風景写真まで12種類が用意されました。「朝の食卓をたのしく、新鮮にします　お好きな絵柄に交換できる新しい設計」（新聞広告）。また販売店へは「新婚家庭向け商品として最適です」とも。名画をあしらったトースター「アトリエ」で優雅な朝食をとる新婚家庭。何カ月で優雅から現実になったのかな。

高級感が溢れる黒い冷蔵庫

三洋

アート・ドア冷蔵庫「金馬車」

SR-55A　昭和44年　35,800円

冷蔵庫の普及率が50%を超えた昭和40年。単に冷やすだけではなく、「ルームファッションとして、家具と同じように居間に飾ってもらおうというねらい」(『朝日新聞』昭和40年6月30日)のもとアート・ドアシリーズの発売が始まりました。新聞には「黒い冷蔵庫なんて、仏壇イメージと思ったが、実際にみると家具として結構いける」との感想が。かなり好評だったようで、有名な作家も起用して多くの種類が作られました。

インテリアとしてもいけてます

松下（現 パナソニック）

ルームラジオ「グリムスーパー」

CX-465　昭和30年頃　12,500円

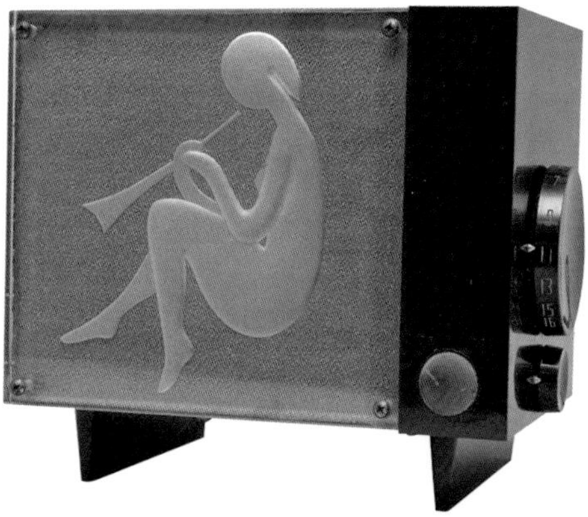

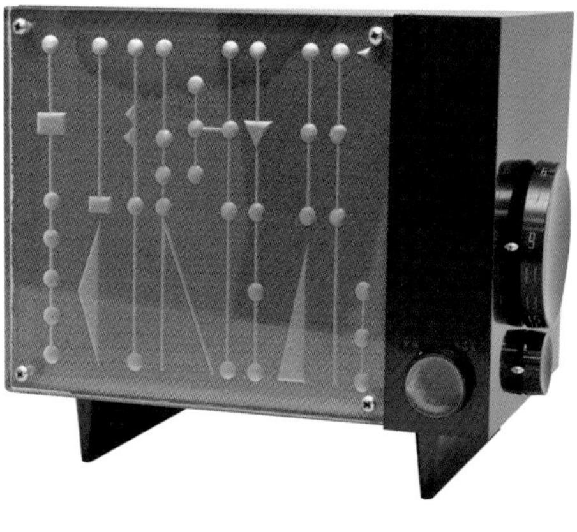

モダンというか前衛的というか、なんとも不思議なデザインです。銀座のとある洋酒バー。カウンターで一人グラスを傾ける小林旭。カウンター奥の棚のラジオからはゆったりと音楽が……。そんな日活映画の一場面に出てきそうなラジオです。

スイッチを入れるとライトが点灯して、笛を吹く女性を描いたエッチングガラス(彫刻ガラス)が浮かび上がりムーディーな雰囲気をいっそう醸し出します。ところがこのラジオ、全製品カタログには載っていません。なにか特注品だったのでしょうか。

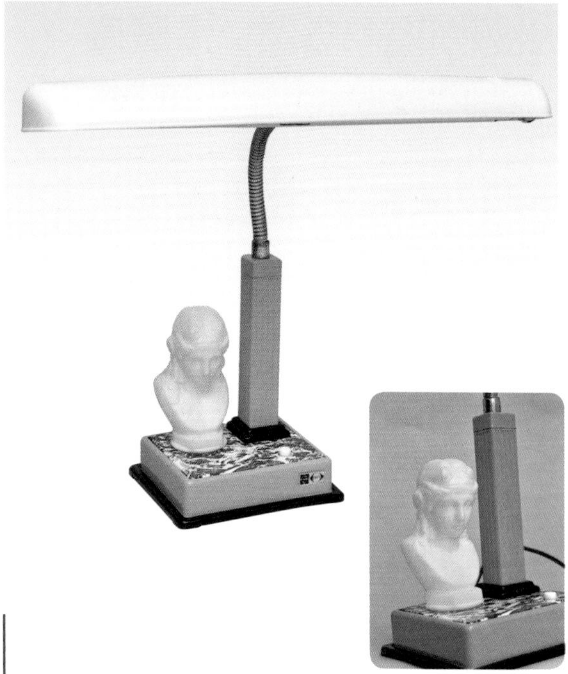

松下（現 パナソニック）

蛍光灯明視スタンド（マスコット付）

FS-527　昭和38年　1,680円

この蛍光灯スタンドにある彫像はなんでも「アリアス像」といって、美術系の学生さんならデッサンで描く有名なものなんだそうです。

当時、各社の蛍光灯スタンドをはじめ家電製品のカタログなどには、このような彫像がマスコットとしてたびたび登場しています。彫像というのは、ゴージャス・高級・はたまた文化的なイメージを感じさせるものだったのかもしれません。

電気スタンドにはギリシャ彫刻がよく似合います

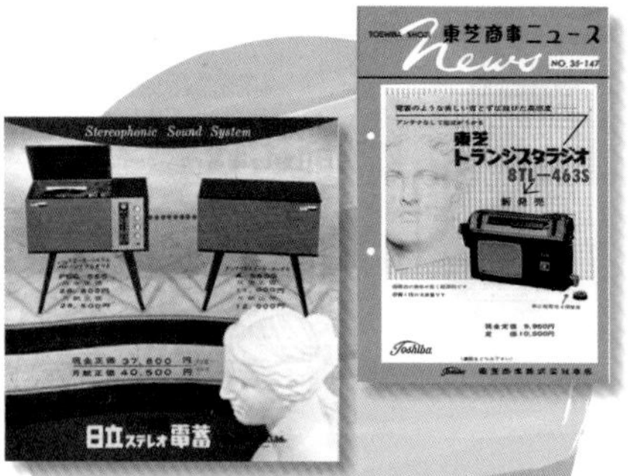

彫像がマスコットとしてたびたび登場していました

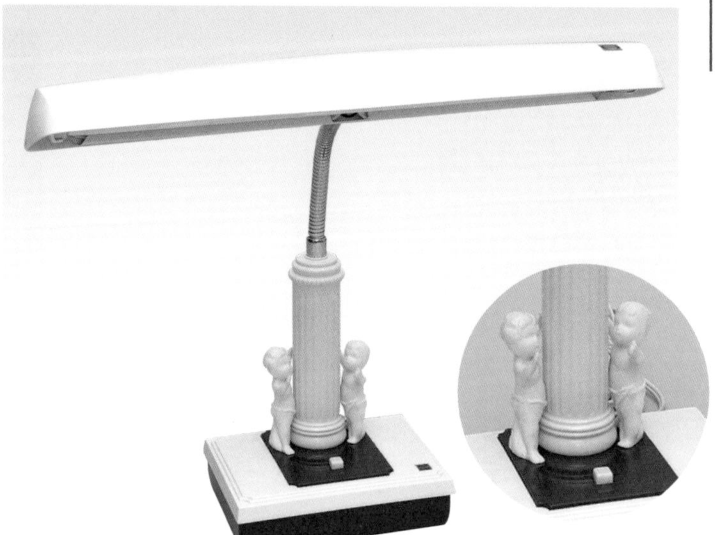

松下（現 パナソニック）

蛍光灯明視スタンド（ギリシャ風人形付）

FS-550　昭和41年　1,980円

この明視スタンド、ギリシャ……と謳っているように、ギリシャ風人形と神殿の柱を模したような支柱の優雅なデザイン。そして台座の部分はエーゲ海をイメージしたのでしょうか、鮮やかな青色とこちらも凝っています。

カラーフィルムとライトで鮮やかに

松下（現 パナソニック）

照明額縁「パナルック」

F1-0612　昭和42年　3,650円

カラー写真フィルムを蛍光灯で後ろから照らして、絵や写真をキレイに浮き上がらせるもので、一般家庭をはじめバーや喫茶店などの装飾にもという狙い。広告には「結婚記念写真、お子様の写真を、また若い人はぜひ恋人のカラー写真を飾ってください」。

あれから50年……。結婚記念の写真は今も「パナルック」の中で照らされているのでしょうか。

いつまでも美しく愛される冷蔵庫に

三洋

冷凍冷蔵庫「ビーナス」店頭用ディスプレー

昭和43年頃

電器屋さんの店先に置かれていたこの高さ50cmの大きなビーナス像、きっとお客さんの目を引いたことでしょう。像の足元にはサンヨー冷凍冷蔵庫の文字も見えます。昭和40年代の初め、電気冷蔵庫は自動霜取りに加えて、扉をたびたび開け閉めしても、庫内の温度を一定に保つ全自動方式といわれるものが各社から発売されました。三洋電機でも昭和43年に、電子全自動式の冷凍冷蔵庫「ビーナス」を発売しました。

愛称「ビーナス」の由来は、いつまでも美しく愛される冷蔵庫に……なんだとか。発売記念にミスビーナスコンテストも開催。冷蔵庫の発売にちなんだミスコンまで催すなんて、その力の入れ具合が感じられます。

未来を感じさせる、
でもちょっと早すぎた！？…ユニーク家電

60年前、すでにこんなものが実用化されていた。
未来を感じさせる、生活に豊かさを感じさせる、
でもちょっと早すぎたかも……。時代の一歩いや二歩、先をいっていた家電

卓上噴水がゴージャスな夏の夜を演出します

中央無線（現 テクニカル電子）

卓上噴水

昭和35年　2,950円

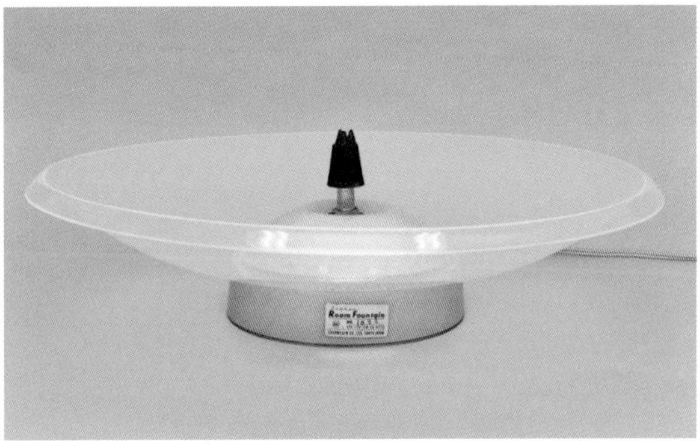

この卓上噴水を製造・販売していたのは当時、モニタテレビなど放送用スタジオ機器を作っていた中央無線。卓上噴水と放送用機器……。関連ないようですが、創業者の曽田三郎氏が海外視察へ行った際にヒントを得たのがキッカケでした。

バイブレータを応用したピストンで水を送る仕組みなので音が静か。インテリア商品として好評だったようです。「レストラン、理髪店などで、ときどき見かける卓上用噴水は、最近ではポツポツ家庭にはいって『夏を涼しく』ムードにひと役買っています」（『毎日新聞』昭和39年7月5日）。昭和30年～ 40年代、噴水というのは今以上に、モダンというかゴージャスなイメージがあったのかもしれません。

イラストほどは高く噴き上がりませんでした

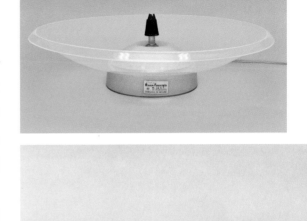

“動くお台所” でマダムもにっこり

松下（現 パナソニック）

電化ワゴン

KW-241H　昭和38年　20,800円

タイマーで
つないだ電気製品の
ON/OFFも
可能に

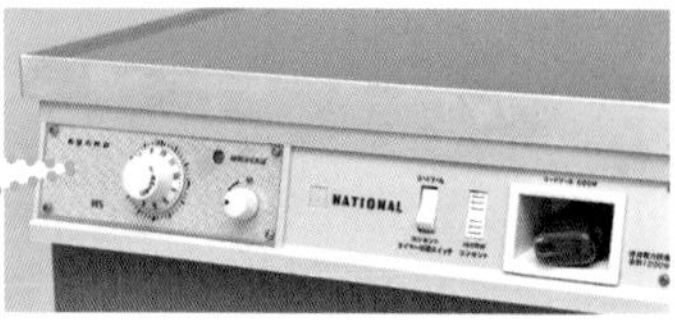

ワゴンにタイマー機能付きのコンセントがついたものです。電気ポットやホットプレートをワゴンにのせて移動し、その場で料理するいわば“動くお台所”。価格は2万800円、この頃の高卒の国家公務員初任給が1万2400円ですから、なかなか結構なお値段です。

また当時、ちょっと贅沢な楽しみとしてホームバーを造るというものがありました。電化ワゴン下部のすりガラスのケースの中に、サイドボードよろしく洋酒を飾り、化粧ボードの上でカクテルやちょっとしたお料理を……といったオシャレな使い方も夢がありますね。

松下（現 パナソニック）

電気ポット

NC-33　昭和35年　1,980円

食洗機誕生! ひとりでに食器が洗える

松下（現 パナソニック）

電気自動皿洗機

MR-500　昭和35年　59,000円

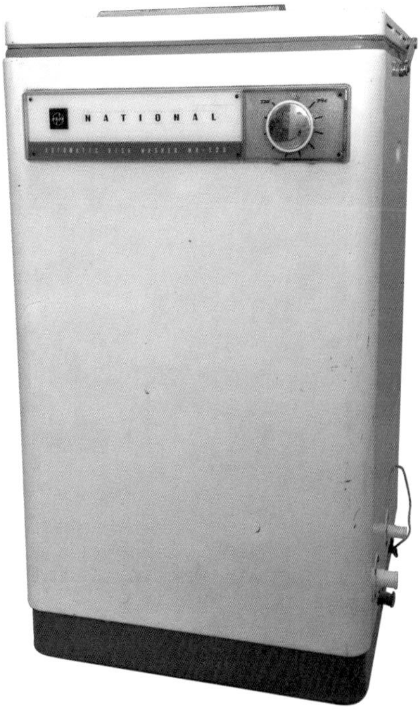

外見は洗濯機のようですが、これは電気自動皿洗機、今でいうところの食洗機です。日本初となるこの食洗機、発売は意外と早く昭和35年でした。しかし、高卒の国家公務員初任給が7400円の時代に5万9000円と高価なこと。5～7人の家庭用にしては場所をとること。また一回洗うと100ℓと、水を大量に使うこと。そして「食器を機械に洗ってもらうなんて」という当時の常識もあって、残念ながら普及はしませんでした。

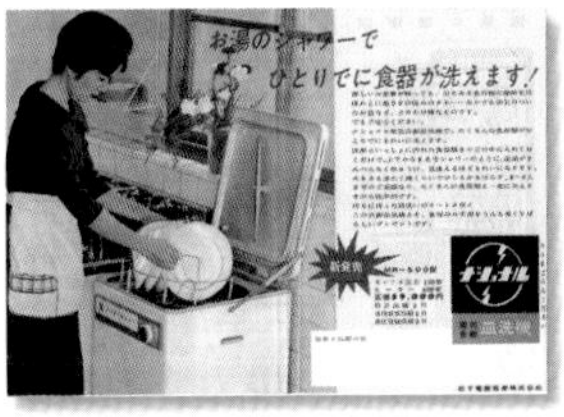

台所のオバQは働き者だった

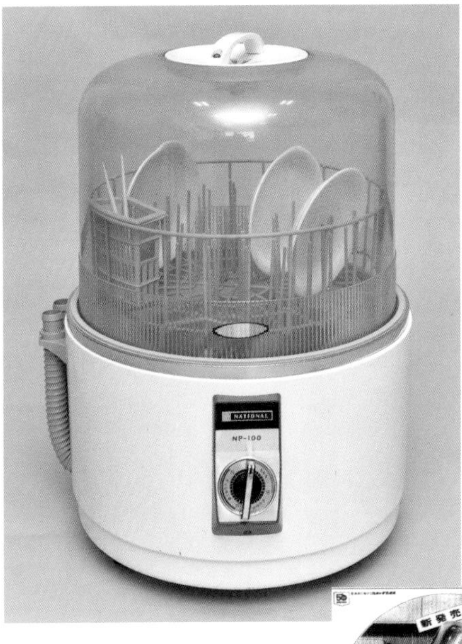

松下（現 パナソニック）

食器洗い機

NP-100　昭和43年　29,500円

電気自動皿洗機の誕生から８年、卓上式として発売されました。形が似ているところから、当時の人気アニメにならって通称“オバQ”。卓上式なので「調理台に置けるコンパクト設計…4人家族の食器が一度に洗えます」（新聞広告）。たしかに調理台にも置けるのですが、これでは場所をとってしまい調理台で料理はできないかも……。こちらも普及には至りませんでした。

しかし工夫を重ねて50年。小型化や節水を実現し、また共働き世帯の増加もあって、ようやく食洗機の時代が訪れました。

“空気のビタミン” 効果で心もリラックス

三菱

マイナスイオン発生器「イオナイザー」

VG-5A　昭和39年　13,000円

昭和30年代も後半になると、高度経済成長の負の側面である、公害や大気汚染が問題になってきました。その頃、マイナスイオンには鎮静作用があり健康に良いとの論文が注目を浴び始めて開発がスタート、日本初のマイナスイオン発生器「三菱イオナイザー」として発売されました。

「イライラする・疲れやすい・頭が重い・眠れない方へ　空気のビタミン発生器」、「都会はスモッグ〈空気のビタミン〉もまさに欠乏状態」……発売当初、人々にとってマイナスイオンは馴染みのない言葉。そこで“空気のビタミン”という分かりやすい表現で宣伝。東京では（他社と共同で）「公害から学童を守ろうキャンペーン」の展開など、まずは製品を知ってもらうことに腐心したようです。

初の家庭用除湿機はちょっと重たいハンディタイプ

日立

除湿機（ハンディタイプ）

RD-758　昭和43年　35,000円

昭和43年、初の家庭用と銘打って発売された除湿機です。業務用の除湿機は昭和20年代後半に登場し、美術館や病院、自動電話交換局などで使われてきました。高温多湿の日本で家庭用がなかったのは、贅沢品というより、木造や土壁といった日本家屋の特徴にもあったようです。その後、鉄筋コンクリートやアルミサッシといった気密性の高い住宅が増えるにつれ、必要性が高まり発売に至りました。

ただこの除湿機、家庭用とはいえ重さは19kg。広告の「部屋から部屋へ持ち運べる…ハンディタイプ」にはちょっと無理がありそうです。

脱臭や殺菌、カビを防ぐ
オゾン発生器も実用化されていた

松下電工（現 パナソニック）

オゾン発生器
「オゾエース」

EP-10　昭和43年頃
19,500円

ビクター（現 ＪＶＣケンウッド）

ロールシート式録音事務器
「ビクターフォンテ」

MS-1　昭和35年　45,000円

昭和30年代の半ば、従来のテープレコーダーと違う仕組みの録音機がいくつか誕生しました。シート状の記録紙に録音するシンクロファクス、また円盤の記録紙のマグナファクス、そしてこのロールシートに録音する「ビクターフォンテ」など。

これはロール状のメモ用紙の裏に録音テープのように磁性体が塗られていて、音を記録する仕組みです。特長は録音しながら同時に記録紙へメモが取れるので、会議や商談などに便利。またカタログによると「病院では…患者と面接しながら病気の状況が記録され、ロールシートに患者名を記入すればカルテの代用にも」なるんだそうです……。

録音とメモを
一緒に記録できるスグレモノ

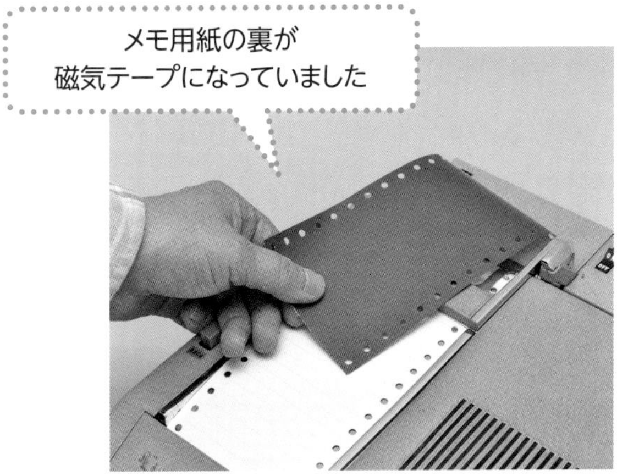

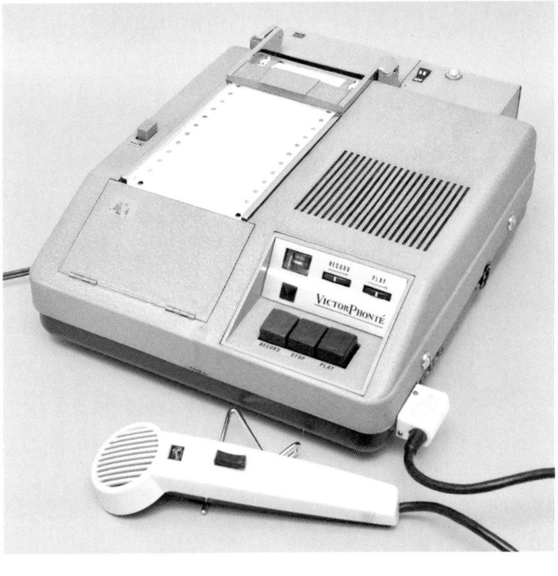

プラスチックの登場
新しい素材が家電のデザインを変えた

昭和 27 年、三洋電機からプラスチックキャビネットのラジオが発売されました。プラスチックは従来の木や鉄と比べて形や色が自由に、また大量生産も容易ということで、その後、メラミン樹脂や塩化ビニールなどプラスチックの新しい素材を使って、斬新なデザインの製品が次々生まれました。

早川（現 シャープ）

クリーンポット（写真右）

KP-688　昭和39年　1,650円

松下（現 パナソニック）
自動ポット
型番不明　昭和34年　2,280円

クリーンポット

金属製の電気ポットは以前からありましたが、これはご覧の通り透明になっています。戦闘機のキャノピー（風防窓）などで使われていたポリカーボネートを使用しました。透明になっているのは単に見た目だけでなく、ポリカーボネート製なので軽量なこと、そして沸騰する状態が見えるためだそうです。

お湯の沸き具合がすぐに分かるので便利そうです。しかし耐熱とはいえ、お湯をグツグツ沸かすと、なにやら熱で物質が溶け出しそうなイメージがちょっと気になります。当時の人たちはどう思っていたのでしょうか。

スケルトンや塩ビ張り　ポットも新素材でデラックスに

松下（現 パナソニック）

ホーム電気ポット

NC-550　昭和39年　1,800円

ポットの外装を塩化ビニール張りにすることで、それまでの金属製のものと違った豪華さや美しさを感じさせます。「お座敷用として客間にも食卓にも欠かせぬマスコットとしてご愛用いただけます」（取扱説明書）。口が大きく開くので、ポットの中に牛乳瓶や徳利をそのまま入れて、牛乳の温めやお酒の燗もできるようになっています。

新素材でモダンなミキサー　できあがり具合はフタを開けるまでナイショ

早川（現 シャープ）

ジュースミキサー（写真右）

EM-371　昭和35年　6,400円

従来のミキサーのコップは、耐熱ガラスのどっしりと重たいものでしたが、このミキサーのコップには、当時、出はじめていたメラミン樹脂を使用しました。軽くて丈夫、また彩色や成型がしやすいメラミン樹脂の特長を活かし、「片手で楽に持ち運ぶことができ、そのまま卓上にも置ける優美なデザイン」（『シャープニュース』昭和35年5月）のコップとなりました。

たしかに新素材を使ってモダンなデザインのミキサーですが、ガラスのものと違って、できあがり具合が外からは見えないため、「（フタをとって）※コップ内の具合をみて適当にスイッチを切って下さい」（取扱説明書）……と使うのには、いささか面倒だったかもしれません。

三洋　ミキサー
SM-40 昭和29年 9,950円
（ガラス製コップ）
ジュースミキサー

※括弧内筆者

プラスチックキャビネットで大量生産　低価格を実現したラジオ

三洋

プラスチックラジオ（写真左）

SS-52A　昭和27年　8,950円

三洋　真空管ラジオ
SS-48　昭和27年
12,500円
（木製キャビネット）

プラスチックラジオ

昭和26年、ラジオの民間放送が始まりました。その頃のラジオは、物品税の影響もあって、価格は１万円以上と高額。そのためメーカー製よりも、アマチュアやラジオ商が組み立てたものが幅をきかせていました。

そこでラジオに参入する三洋電機は、製作に手間のかかる木製キャビネットではなく、当時、普及しはじめていたプラスチックを使い大量生産をすることで、価格を下げようとしました。キャビネットは積水化学と共同で開発し、昭和27年に発売が始まりました。「今後新しい流行を来すであらうプラスチックキャビネット」（取扱説明書）の言葉通り、このあとラジオのキャビネットは、プラスチックが主流となっていきました。

ある時はこけし、またある時はカメラ……
しかしてその実体は懐中電灯

映画のセリフではありませんが、
「ある時はこけし、ある時は花瓶、またある時はカメラ……。しかしてその実体は懐中電灯」
外見は別のもの、でもじつは家電だったという楽しい製品です。

レンズは光っても撮影はできません

松下（現 パナソニック）

ナショナルランプ
カメラ型

No.5112　昭和33年　480円

戦後の混乱も落ち着き、趣味やレジャーにも人々の目が向き始めたのでしょうか。昭和20年代後半から30年代初めにかけて、「カメラブーム」が起こりました。カメラの製造台数は昭和22年に5万台だったものが、27年35万台、29年77万台、そして31年には110万台と飛躍的な伸びをみせます。

そんなカメラブームの中で、登場したこの「ナショナルランプ　カメラ型」。デザインだけでなく機構もユニークで、ON・OFFをさせる仕組みは、上部の（Nマークの）操作ハンドルを回転させることで行います。そんな斬新さと機構の巧みさが評価されて、昭和36年に開催された携帯電灯工業会のデザインコンクールでは1等を受賞しました。

こうしたら、
「あの人、カメラ
買ったんだ」と
思われそう…

普段は机の上の置物が非常時に活躍

東芝

こけし形置物ライト

K-105　昭和47年　880円

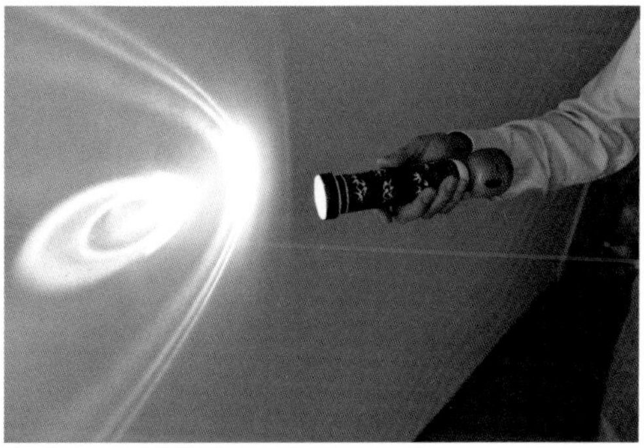

一見するとこけし人形です。普段はこけしとして、食卓やテレビ、机の上などに飾っておき、停電など非常時には懐中電灯として使うという、「従来の懐中電灯の概念をかえた全く新しい考案」(『東芝百年史』昭和52年)。

それから40年余……。その流れをくむ商品が、こけしの本場である東北地方を中心に今も作られています。地震で倒れた時には自動でLEDライトが点灯するもの、また電池切れの心配がないソーラー充電をするものなど、非常用としてアイデアはより進化をとげています。

東芝

ピストル形懐中電灯

SN-4281　昭和38年頃　390円

「手を上げろ」
と遊んだ子供も
多かったはず

東芝

置物ライト(花びん形)

K-107　昭和47年　800円

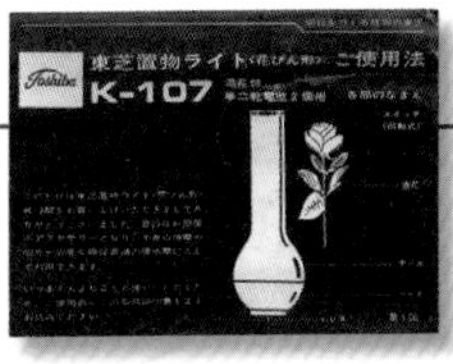
東芝置物ライト
ご使用法
K-107

置物ライトには
造花のついた
花びん形も
ありました。

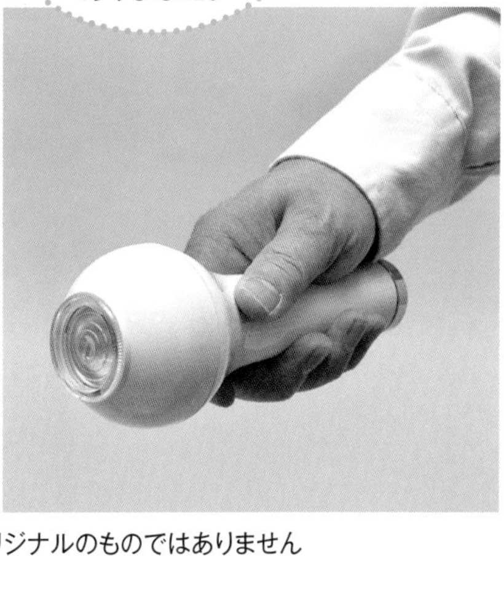

※写真の造花はオリジナルのものではありません

ピアノの出す風からはメロディーが聞こえそう

日立

卓上扇風機「ピアノ」

M-6012　昭和34年　3,900円

卓上扇風機「ピアノ」。見ての通りグランドピアノの形を模してあります。今見ても小ぶりで可愛いですね。この頃の日立の扇風機には、主に

音楽関係の愛称がつけられていました。この「ピアノ」をはじめとして、「ポルカ」「ピコロ」「バラード」……。ほかにも東芝では花の名前など、各社とも愛称のついている扇風機を多く見かけます。当時、扇風機は高級品。間違えないようにというのが第一の目的でしょうが、いかに大切にされていたかをうかがい知ることができます。

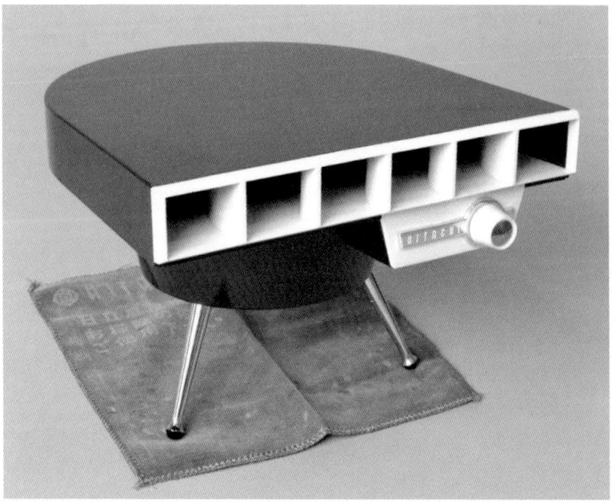

テレビが憧れだった時代のストーブです

NEC
脚付き14吋テレビ
14T-507 昭和32年 73,000円

松下（現 パナソニック）

テレビ型ガスストーブ

GSF-1　昭和35年　23,500円

４本脚、そしてブラウン管に似た温風の吹き出し口。かなりテレビを意識したデザインです。価格は2万3500円。当時、松下電器のガスストーブの中ではこれが最高級品でした。一番安価な４畳半～６畳用のものが3200円ですから、どれだけ高価な製品だったことか。そんな最高級品をテレビ型のデザインにしたのは、その頃、テレビが時代の最先端……という憧れがあったのでしょう。

第2章

あれもこれも電化しました

21世紀にもつながる驚きの家電

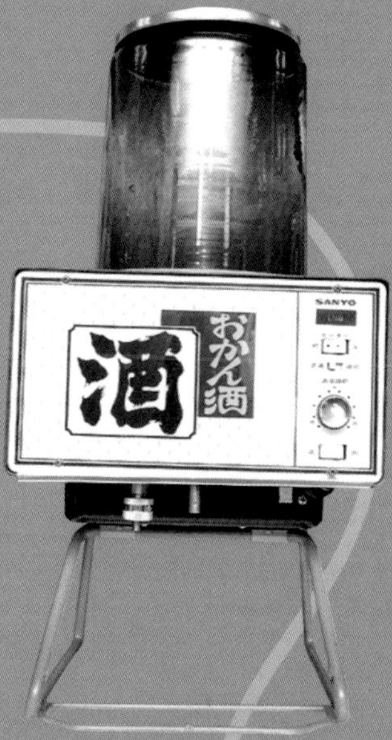

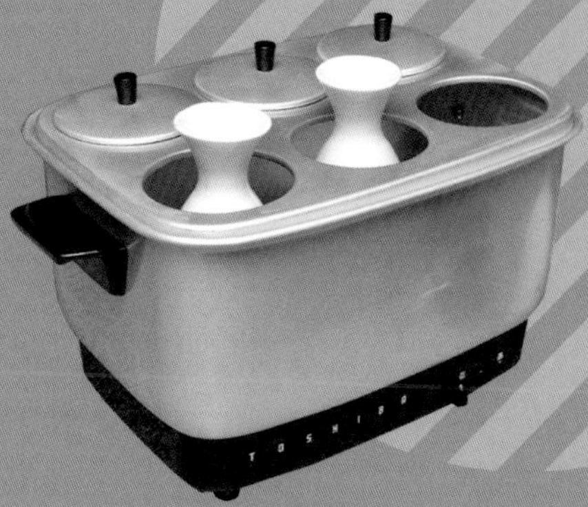

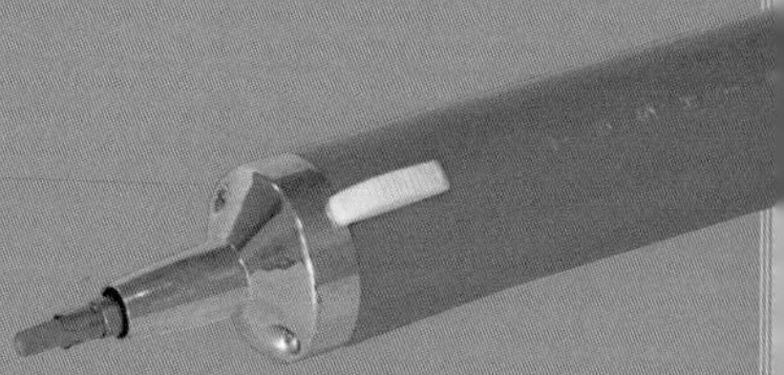

電気でできるものは電器で
生活のあらゆる場面を電化しました

昭和 30 年代、メーカーの姿勢は、「電気でできるものは電器にしてみよう」「お客さんの要望があれば作ってみよう」だったようです。洗米機・鰹節削り機・自動ハサミ……、生活のあらゆる場面に目を向けて電化しようとした製品、やかん・座布団にスリッパ……、旧来の形もそのままに電化された製品。先駆的な、ときに前のめり気味な製品の大行進。

冬はありがたい　手を濡らさない電化お米とぎ

早川（現 シャープ）

自動洗米機

EM-374　昭和36年　4,190円

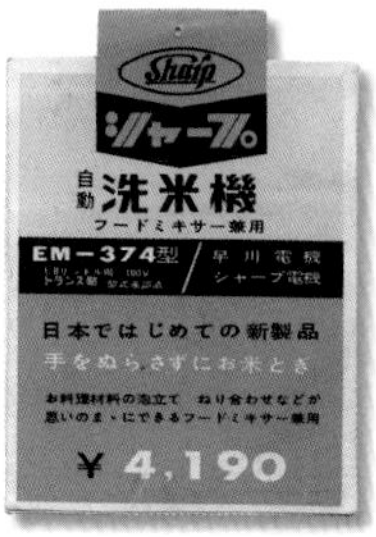

ご飯を炊くときのお米研ぎを電化しようという製品です。「家庭の主婦が毎日１回以上は行いながら、今まで電化されなかった米を洗うということは一見簡単なようでなかなかめんどうなことです」（『シャープニュース』昭和36年1月）。仕組みは、上から注水しながら水槽内の攪拌棒を回転させ洗米します。あふれた水は、溢水口から持ち手の中を通り外へ排出されます。

攪拌棒が回転して洗米します

たしかに寒い冬などありがたいのですが、初任給が8300円※のときに4190円。やはり少々冷たいのは我慢するでしょうねぇ〜。ヒットとはならなかったようです。しかし生活のいろんな場面に目を向けて、電化してより便利にしよう……という作り手の思いは伝わってきますね。

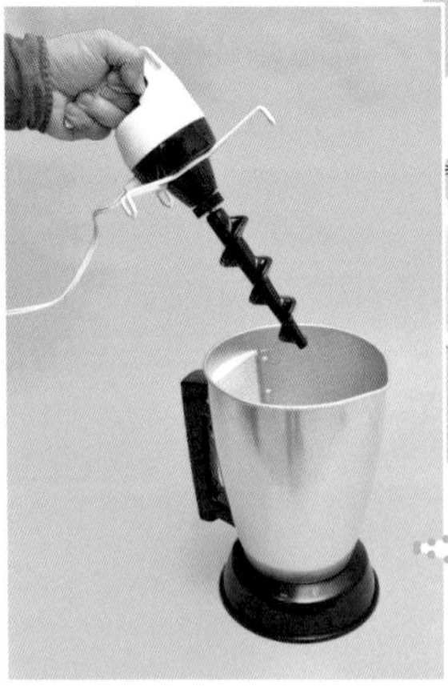

※（高卒）国家公務員初任給

もっと安く手軽に　手動式でもお米とぎ

松下（現 パナソニック）

手動式洗米器

SD-18　昭和39年　600円

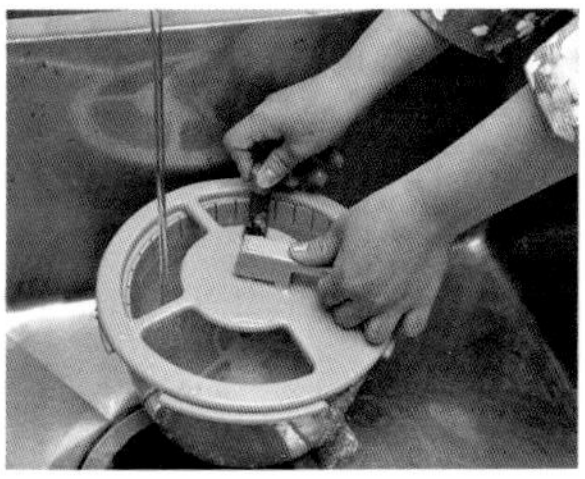

ワイパーのように取っ手を左右に動かして洗米します

研ぎ終わったら、お米の入ったザルを上げるだけです

軍需から民需へ　ご飯も炊くことができるお櫃《ひつ》誕生

富士計器

電気炊飯器「たからおはち」

昭和22年頃　180円※1

たから
おはち

一見、普通の
おはちのように
見えますが、
立派な家電です

宝
おはち
富士計器

おはちの中に電極が仕込まれてあります。ご飯の炊ける仕組みは、おはちの中の水に電気が流れることによって発熱（ジュール熱）し、その熱でご飯を炊きます。ご飯が炊きあがり水がなくなれば、電気があまり流れなくなってできあがりです※2

戦後すぐ、ソニー（当時の社名は東京通信研究所）も同様の製品を世に出そうとしましたが、こちらは完成には至りませんでした。このジュール熱利用の電気炊飯器は、戦前既に特許登録がされていました。仕組みそのものは以前からあったんですね。

この「たからおはち」を発売したのは、富士計器という会社。昭和13年に北辰電機（現 横河電機）と富士電機が提携し設立した富士航空計器がその始まりです。終戦後、社名から航空を外して、軍需から民需への再出発を図るべくこの「たからおはち」が発売されました。

※1 昭和22年　大卒初任給（第一銀行）　220円
※2 大阪市立科学館での再現実験によると、1合が約30分でうまく炊きあがりました。
（参考文献　大阪市立科学館研究報告2013　長谷川能三氏）

鰹節を簡単・早く・安全に
腕利きの板前さんのように削る

東芝

電気鰹節削り

MKB-141　昭和39年　7,900円

昭和30年代、かつお節は家庭で削って、みそ汁のだしを取るなど料理に使うのが一般的でした。朝忙しい時に、かつお節を削ることは、ご飯炊きと同様に手間のかかる作業でした。それを電化して台所の合理化を図ろうとしたのがこの製品です。

やがて「シマヤだしの素」（昭和39年）、「にんべん フレッシュパック」（昭和44年）などが発売され、かつお節を削る家庭は、近年あまり見かけなくなりました。

電機メーカーはかつお節を削ることを電化し、また食品メーカーはだしの素やパック入り削り節を開発することで、互いに台所の合理化を図ろうとしていたんですね。

包丁・ナイフにハサミまで　刃物研ぎも電化しました

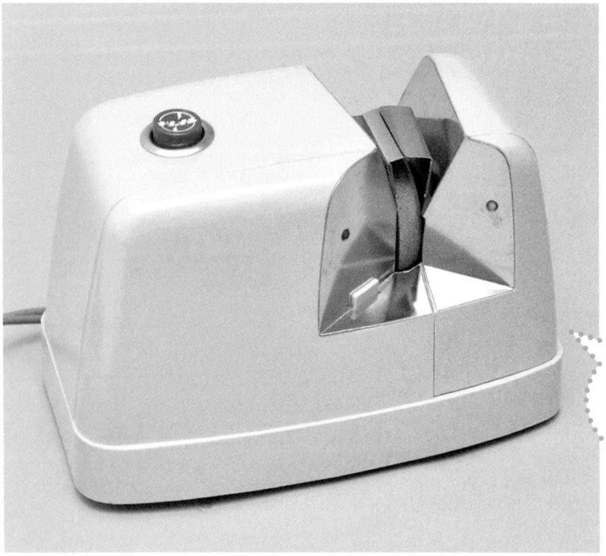

松下（現 パナソニック）

電気砥石

MS-1　昭和34年　3,900円

研ぎ屋さんの
ように
電化で切れ味を
回復させます

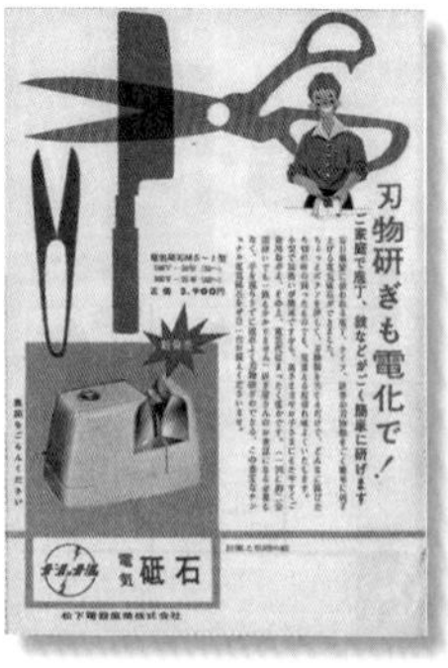

缶詰を電気で開ける

東芝

電気缶切り

CK-31A　昭和36年　5,980円

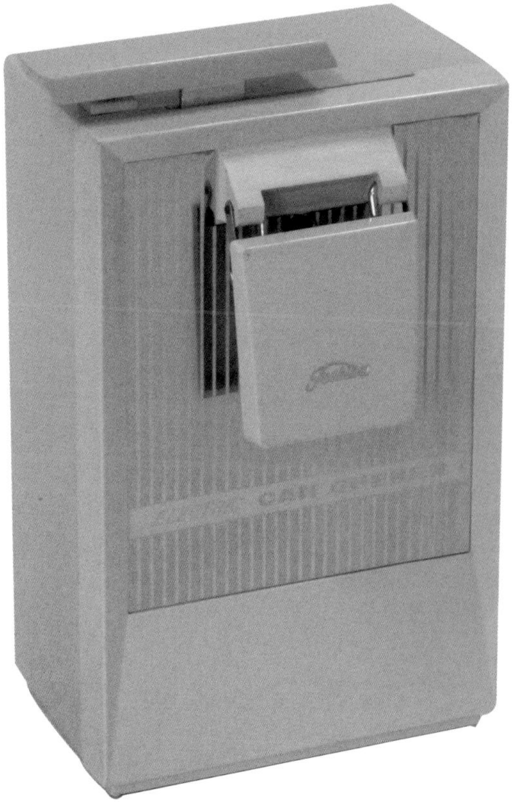

「缶詰１個を５秒であける！」。缶を本体の送りギアに嚙ませ回転させながらカッターで開ける仕組みです。価格は5980円。当時、ビジネス特急「こだま号」の東京－大阪間が２等車で1980円ですから、家庭用にしてはなかなかのお値段です。でも各社から販売されていたのをみると、意外と需要はあったのかもしれません。今は、缶切りのいらないプルトップ式（イージーオープン式）の缶詰が主流ですが、年配の人には開けにくかったりもします。高齢化社会の昨今、缶切り機はかえって喜ばれるのかもしれません。

各社から発売されていました

日立
カンオープナー
SO-71
昭和38年頃　4,980円

松下（現 パナソニック）
電気カンキリ
MK-10
昭和38年　6,500円

松下（現 パナソニック）
電気カンキリ
MK-256
昭和45年　5,900円

①缶詰が回りながらフタを開けていきます

②切り取ったフタは缶切り機のマグネットに残ります

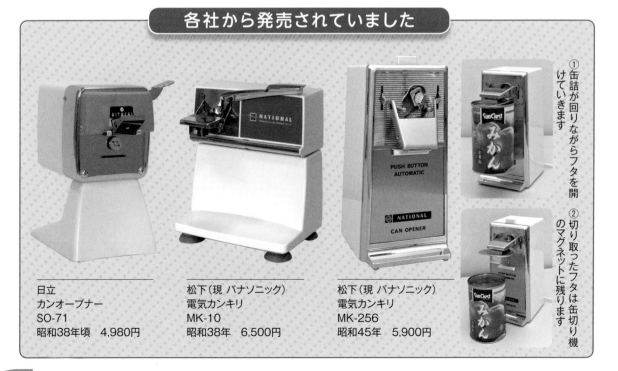

フライパンを囲んで　家族で楽しいテーブルクッキング

東芝

電気フライパン

ER-2　昭和31年　2,350円

「きれいでたのしいテーブルクッキング！」と謳ってあるように、普通のフライパンと違って底に電熱があるので、食卓で調理しながら、みんなでこのフライパンを囲んで食べることができます。またハンドルを外せばスキヤキ鍋としての使い方も。

角型のフライパンにしたのは、丸型よりも余計に調理ができるから（丸型の電気フライパンも後日、発売されました）。「手まめに（手元）※スイッチの操作をすれば使い道が広いので、家庭に揃えておきたい電気器具の一つです」（『栄養と料理』昭和35年11月）と、電気フライパンは、なかなか好評だったようです。

※括弧内筆者

南国の夢ゆたかなスペシャルコーヒーの味はいかが

東芝

コーヒーポット

型番不明　昭和28年頃　2,850円

このコーヒーポットが発売された昭和28年頃、家庭でコーヒーを飲むことはまだまだ憧れだった時代。「ご家庭で一流喫茶店のスペシャルコーヒーの味を」と題した取扱説明書からも、それを感じることができます。説明書はさらに……

「スマートなスタイルをごらん下さい。お客様の前へお出しになって、お話しながら入れるのもまた楽しい気分を誘うことでございましょう」、そして最後には「どうぞ南国の夢ゆたかなスペシャルコーヒーの味をお楽しみ下さい」と。お客さんの前にデーンとこのポットを置いて、うやうやしく、そしてちょっと得意げにスペシャルコーヒーを淹れる様子が目に浮かんできます。

温度調節から保温まで　ついでに燗酒も　やかんが進化した

三菱

自動電気やかん

EK-2　昭和35年　1,900円

お湯を沸かす電化製品としては、電気ポットが既にあったのですが、こちらはまさしく「やかん」を形もそのままに電化しました。やはり「やかん」の形がそう思わせるんでしょうか。なにか電気ポットよりも「お湯を沸かしている」という実感があります。

この電気やかんは単にお湯を沸かすだけでなく、温度の調節ができ、沸いた後は保温もします。また底の発熱体が平板状なので、牛乳瓶やお銚子をやかんの中に入れての温めにも使えました。

勉強用に、座ってのお仕事に、茶の間の憩いに　背中がホカホカ

松下（現 パナソニック）

電気チョッキ

DI-45　昭和42年　3,850円

背中が
ポカポカして
なかなかの
心地よさです

背中の部分に発熱体があり、「背中全体がホカホカ健康増進に最適！」なんだそうです。

「勉強用に、座ってのお仕事に、茶の間の憩いに」（取扱説明書）……と使われました。

かつて日本で暖房器具といえば、火鉢やあんか、こたつといった体や部屋の一部を暖める「採暖」が主でした。そんな中、各社は工夫をこらし電気座布団・電気足温器・電気毛布・電気ズボンなど小物ならではの独自の製品を世に送り出しました。やがてアルミサッシの登場など住宅の気密性が向上するとともに、「採暖」から部屋全体を暖める「暖房」へ。今のようなエアコンや床暖房などが主流となっていきます。

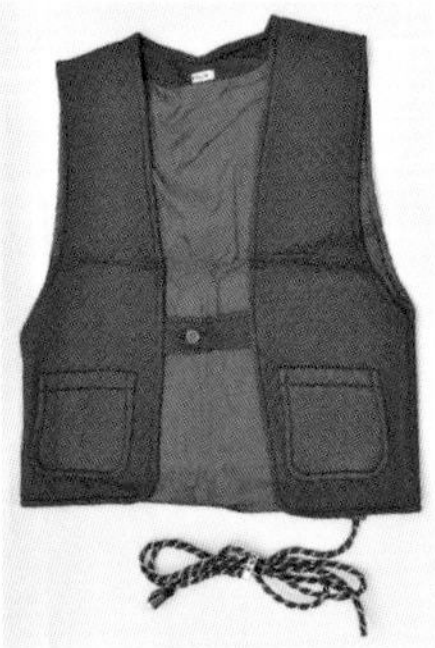

家庭から会社・百貨店・工場・ホテル・飲食店まで……タオルを電化

松下（現 パナソニック）

電気タオル

MT-10　昭和34年　4,800円

トイレの出口などに設置されている洗った手を乾かすハンドドライヤー、それに加えて頭髪を乾かすヘアードライヤーとしても使えるようになっています。足踏みスイッチでON・OFFを、また濡れた手でスイッチを触ることがないので安全で衛生的です。

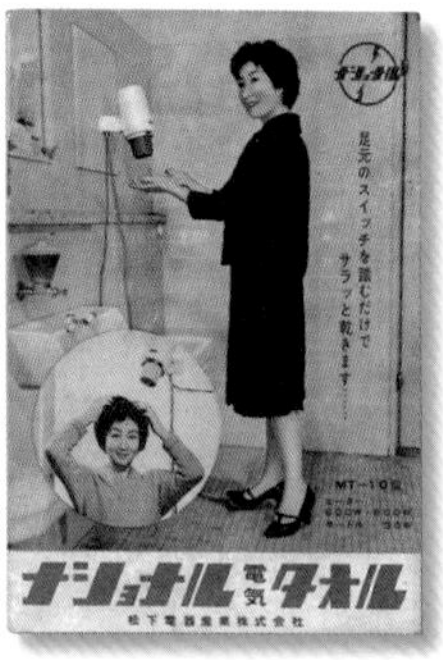

壁に取り付けて使いますが、手を乾かす時の高さと、頭髪を乾かす時の高さは違いますから、ある時は手を、ある時は頭髪を……という兼用での使い方はちょっと難しそうです。ハンドドライヤーという言葉がまだピンとこなかったのでしょう。表現が電気タオルというのも分かりやすいですね。

コードを外せば自由なスリッパになってどこへでも

日立

電気スリッパ

SS-61　昭和34年頃　2,200円

これを見た人からは「電気スリッパって歩かれへんやん」とよく言われます。もちろん本体からコードを外せば、歩けないこともないのですが、本来の役目は足温器です。ミシン掛けや机に座っての仕事の時に、また今までの両足とも入れるタイプの足温器では窮屈という人に、使ってもらうよう作られました。

使用上の注意のひとつに「あんか代わりにふとんの中でつかわないことです」（『日立ファミリー』昭和36年10月）……ってこの電気スリッパをはいたまま、布団で寝る人はそんなにはいないと思うのですが。

文化包丁・文化鍋・文化住宅・そして座布団も…文化は時代の最先端

松下（現 パナソニック）

電気文化座布団

No.4372　昭和34年頃　4,950円

昭和30年代は「文化」と名のつく品物がやたら多くありました。文化包丁・文化鍋・文化住宅……。文化の二文字をつけることで、近代的なイメージをもたせる狙いがあったのでしょうか。そんな“文化”花盛りの頃に発売されたのが、この「電気文化座布団」。座布団の中にヒーター線を通した、一般的な電気座布団のように見えるのですが、なにゆえ「文化」……少しナゾです。

お台所の電化の次は“お裁縫の電化”
かるく握ったままで、滑るように切れる

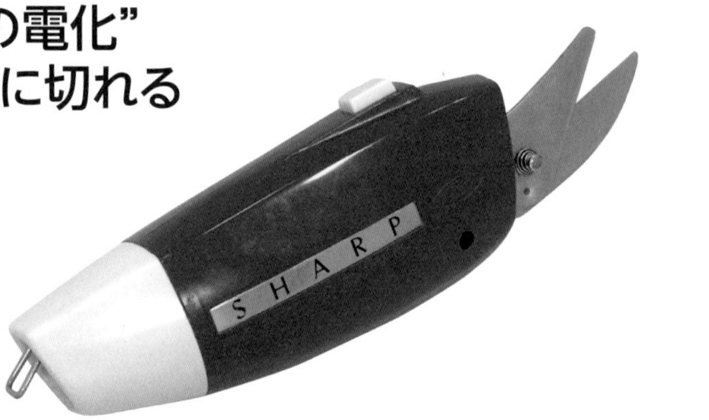

早川（現 シャープ）

自動ハサミ「クイッキー」

EV-990　昭和36年　1,750円

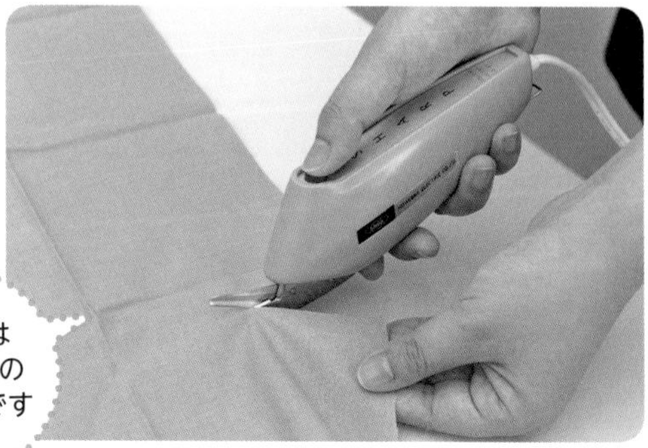

こちらは後継機種のEV-991です

「シャープ自動ハサミは、日本で初めてシャープがおおくりする画期的な新製品です」。シャープがお台所の電化の次に考えたのが“お裁縫の電化”でした。ハサミのように刃をザクッと大きく上下に動かして布を切るのではなく、バイブレーターで刃をブ～ンと微振動させて切るイメージです。

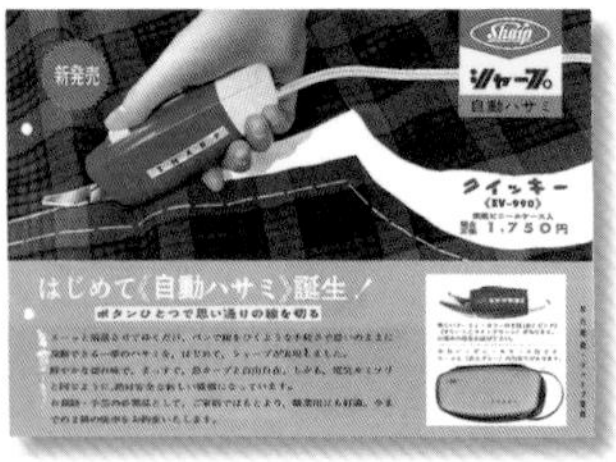

牛乳1本が12円の時代に1750円……。牛乳約150本分と高価ですが、複雑な曲線が自由に、またホツレなくきれいに切ることができると、縫製業者やデザイナーさんなどに発売当初、結構売れたようです。

消しゴムが回転　瞬時に、きれいに、なんでも消せる

東芝

乾電池消しゴム

BE-1　昭和36年　780円

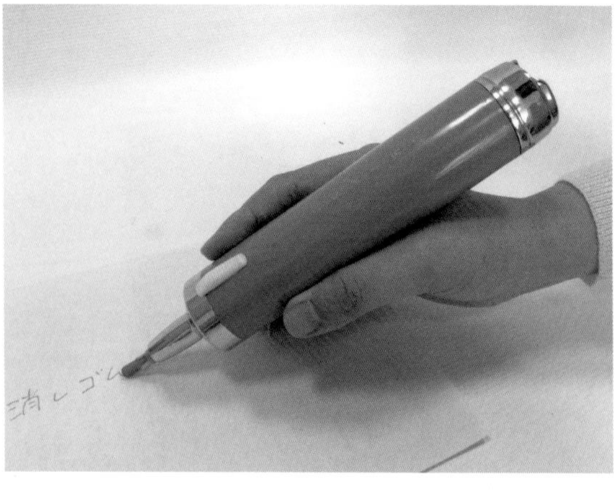

先端の消しゴムを回転させて文字を消す仕組みの「乾電池消しゴム」です。消すというよりも、砂消しゴムで文字を削るというイメージでしょうか。

取扱説明書には「瞬時に、きれいに、なんでも消せる」とありますが、瞬時には消えへんやろ！なんでもといっても油性インクはどうなんや！ちょっとツッコミが入りそうですね。細かい作業をする設計やデザイン関係で需要がありました。東芝ではこのBE-1に始まりモデルチェンジを重ねながら、平成に至るまで長く製造されました。

電器メーカーの手がけた顕微鏡　暗い部屋でも観察ができる

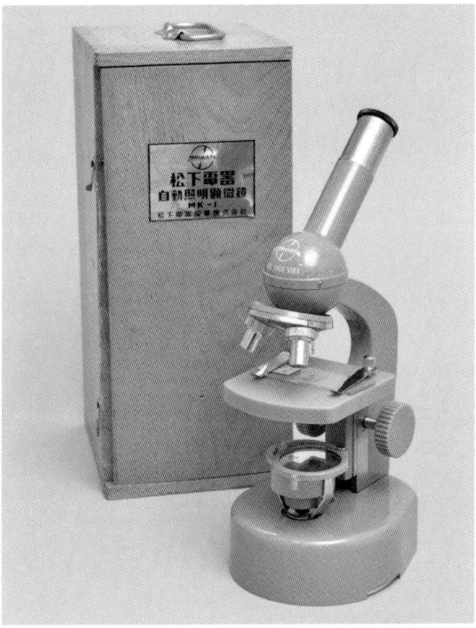

松下（現 パナソニック）

自動照明顕微鏡

MK-1　昭和35年　3,500円

学習用として作られた顕微鏡で、反射鏡での照明のほかに、照明用小型電球を使って暗い場所でも観察ができるようになっています。ただそこは電器メーカーが手がけた顕微鏡とあって、さらにある工夫が施されました。

実用新案の自動焦点照明方式というもので、試料（観察するもの）をのせたプレパラートが焦点距離に入れば照明が自動で点灯し、焦点距離から外れると消灯するという仕組み。対物レンズを近づけすぎての、レンズやプレパラートの破損を防ぐようになっているんだそうです。乾電池の利用拡大を狙って企画されたこの顕微鏡。電器店のほか文具店や時計店などでも販売されました。

箱風呂・角長風呂に五右衛門風呂……どんなお風呂も面倒みます！

松下（現 パナソニック）

風呂ブザー「ワイター」

5415　昭和37年　1,950円（乾電池付）

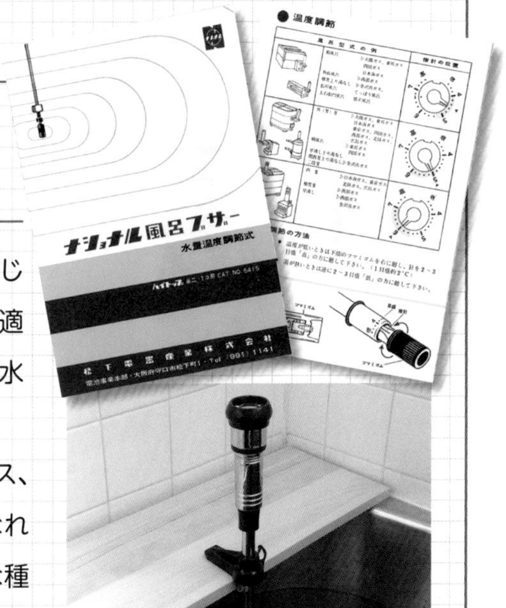

お風呂番が電化されました。三つの役割を持っていて、はじめにお風呂に適量の水が入ればブザーが鳴り、次にお湯が適温になればブザーが鳴り、そして万一、沸かしている時に水漏れして空焚きになりそうな時にはブザーで知らせます。

取扱説明書をみると、箱風呂・大阪ガス、角長風呂・西部ガス、関西釜上がり湯なし・金沢市ガス……と今はあまり聞きなれないお風呂の呼び方です。当時はガス会社ごとにいろんな種類の風呂の型式があったんですね。夏と冬、沸かす水の量、残り湯の追い炊きなど条件が変われば、温度の指針を数回ほど調整しながら適温にしていきます。これは人間と「ワイター」の共同作業といったところです。

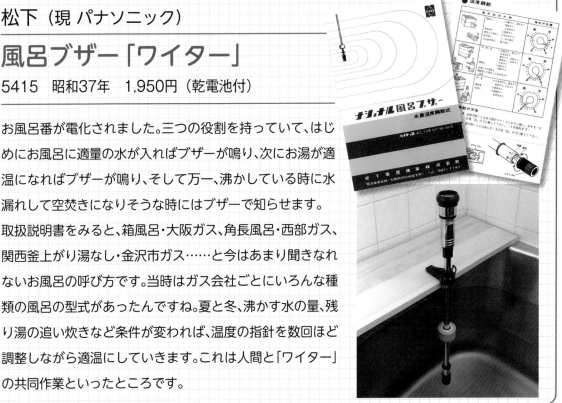

日本独自の進化をとげた
畳が似合う「和の家電」

1950～60年代、世界全体を見渡して家電製品を作っている地域を大きく分けると、
アメリカ、ヨーロッパ、そして日本となるんだとか……。
そんな日本で独自に発展した、畳の似合う「和の家電」をご覧あれ

「歴女」ブームを先取り! 兜形スタンド

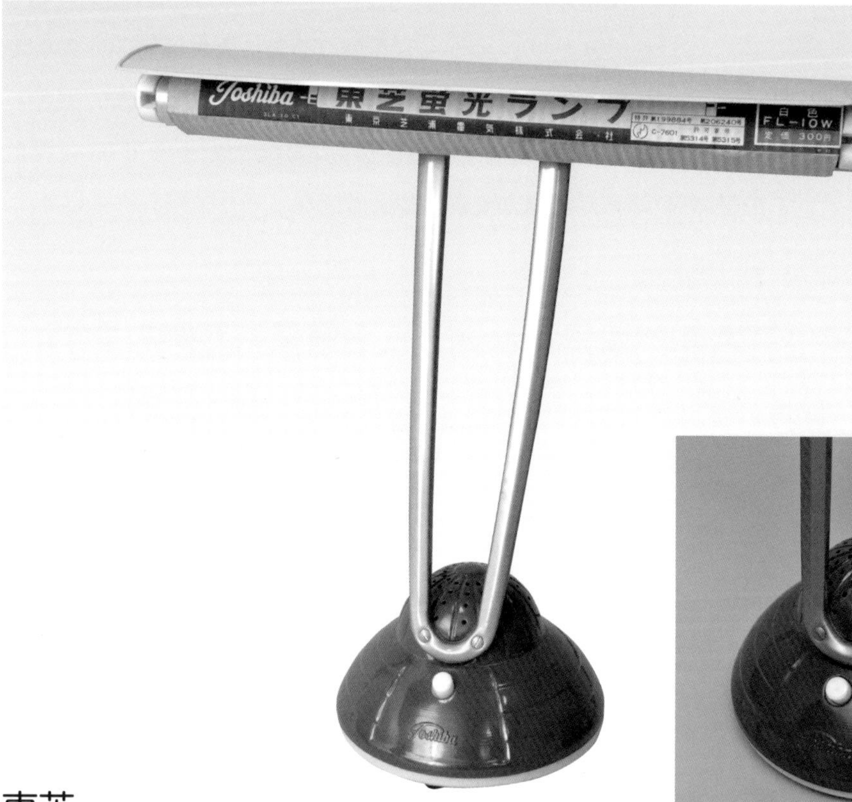

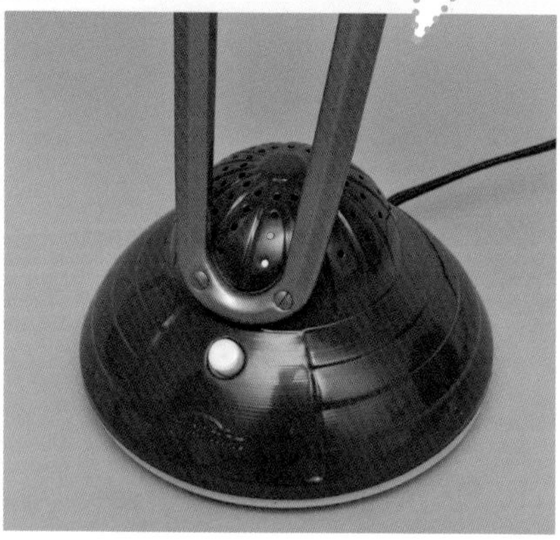

東芝

ホームスタンド(カブト形)

FO-1713　昭和37年　1,400円

カブト形の名前通り、台座の部分が戦国武将の兜の形になっています。ほかにも東芝では台座の部分を野球のボールにしたベースボール形、芝とゴルフボールを模したゴルフ形※……などユニークなものがありました。

ところで昨今は、「歴女」がブームなんだそうで、このカブト形のスタンドが今、売られていたならキット彼女たちに喜ばれること間違いなし!? どうやらこのスタンドの企画、50年早かったようです。

※98ページで紹介

みんなで涼しく　テーブル下からぐるりと周囲に優しい風

東芝

数寄屋扇（丸型）

C-4754　昭和27年　9,100円

この扇風機は風が全周360度に来ます。海外での同様の製品（Hassock　fan）をヒントにしながらも、今までにない「日本的な扇風機を」と木材を使って和風の趣にして、名前も数寄屋扇としました。
風が一度、天板に当たってから来るので自然な爽風。夏が終われば小机として使える。またテーブルの下に置けば絶好であるとして「本夏は数寄屋扇を登場させて又又《またまた》業界をアッと言わせている」（『東芝レビュー』昭和27年8月）。斬新なアイデアの数寄屋扇ですが、一般的な扇風機も普及していない当時、いささか時期尚早だったかも。業界はともかく消費者はアッとは言わなかったみたいです。

モダンな日本調　しずしずとP.C.O 方式の風を吹かせます

東芝

和風扇

HO-30A　昭和37年　19,000円

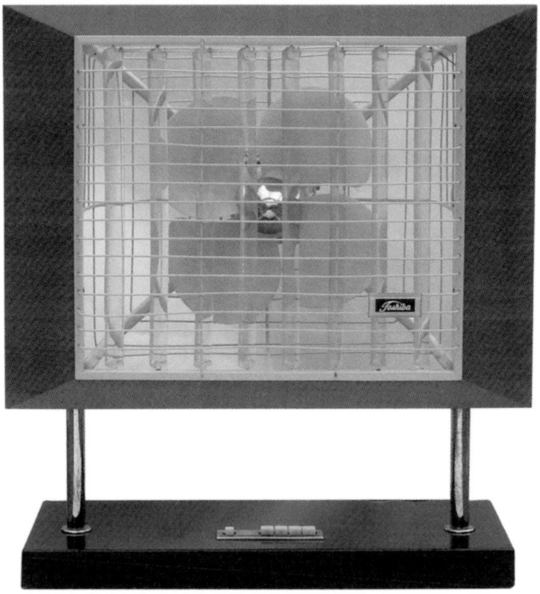

ふつう扇風機は首を左右に振って風向きを変えますが、この「和風扇」は前面のルーバーがスイングして風を左右に吹かせます。なんでもP.C.O方式（前面操作自動拡風装置）というんだそうで、価格は1万9000円。その頃、一般的な扇風機が1万円前後ですからかなり高価です。
「日本の夏の涼しさは、打水・風鈴・青だたみ…これで東芝の和風扇があれば、もういうことなし」（新聞広告）。高級料亭あたりでしずしずと、P.C.O方式の風を左右に吹かせている図が似合いそうです。

電気火鉢に
手をかざして熱燗をひと口
日本の冬が電化されました

日立

電気火鉢（高級角形）

BS-34　昭和34年　4,180円

昔からある火鉢を形もそのままに電化、その名もズバリ電気火鉢です。昭和30年代の暖房器具は部屋全体を暖めるものより、こたつ・あんか・手あぶりなど、体の一部分の暖をとる採暖とよばれるものが主流でした。この火鉢もそんな一品です。

電気火鉢は炭を扱う手間やガス中毒の心配がないということで人気があり、この製品が発売された前年33年の冬には、日立の電気火鉢は全製品が売り切れになったそうです。冬の夜長、電気火鉢に手をかざしながら熱燗をひと口。雪見障子から降る雪をながめながら……。そんな場面が目に浮かびます。

経済 能率 清潔そして安全……4拍子そろった火鉢兼用コンロ

東芝

電気安全コンロ（火鉢兼用）

HP-602A　昭和36年　1,980円

なにゆえ「安全」コンロ……。底の丸い鍋ややかんなども、桶の中に入るからひっくり返る心配がなく「安全」なんだそうです。

業界紙によると「能率良く、清潔で、安全、そして経済的と４拍子そろった東芝電気安全コンロ」。コンロの熱は周囲からも反射して有効に使え、早く仕上がるので「経済的」で「能率的」。熱にもアルカリにも耐える塗装で「清潔」。そして「安全」と４拍子。

この電気安全コンロに鍋をかけてお燗をすれば２本、３本……、酔っぱらっても鍋をひっくり返す心配のない電気「安全」コンロです。

松下（現 パナソニック）

自動保温式炊飯器（木目）

SR-18FGM　昭和41年　4,750円

お米には木目調がよく似合う 和風の優雅さを食卓に……

炊飯器もそれまでの白一色ではなく、使う人が個性にあった好みの製品を選ぶ傾向になってきたことから製品化されました。「和風の優雅さを食卓に…」ということで、お櫃《ひつ》が思い浮かぶような木目調の炊飯器です。ほかにも松下電器では、木目調の扇風機・ルームエアコン・電気スタンド・そして電子レンジ……などがこの頃に発売されました。

電化時代　モーターで鳴らす「風鈴」もまた風流

東芝

風鈴ブザー

B-16　昭和40年　1,350円

日本の夏の風物詩のひとつ……風鈴。その仕組みは説明するまでもありませんが、お椀型をした外見に吊り下げた短冊が風を受けて揺れることで、舌《ぜつ》が外見にあたって音がします。この風鈴ブザーは、舌と呼ばれる部分をモーターで回転させて、風鈴を鳴らすようになっています。いわば風鈴を電化した製品。

「美しい音色であるから、家庭、事務所、病院、ホテルなどの合図に活用できる」(『東芝レビュー』昭和40年8月)。当時のブザーはあの“ブブーッ”と鳴るタイプのものが主流。この風鈴ブザーは、きっと優しく風流に聞こえたことでしょう。

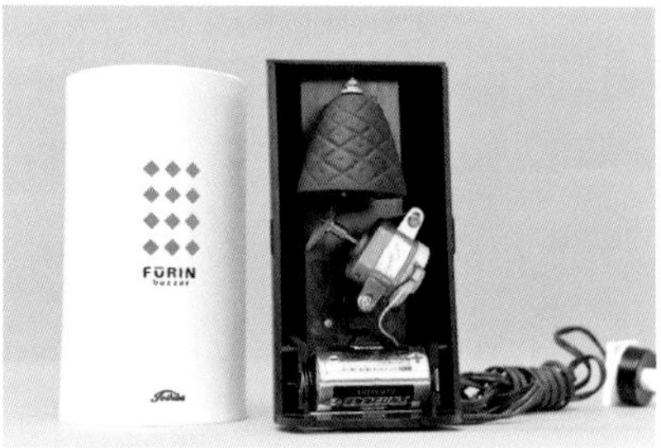

まさしく和の家電
日本情緒をデザインした
蒔絵風の球形ラジオ

東芝

蒔絵形
トランジスタラジオ

8N-92　昭和40年　12,500円

松下は「こたつ」で、東芝は「あんか」東京と大阪はまだまだ遠かった

あんか……とは「ふとんの中に入れて、手足を温めるために用いる暖房器」（『大辞林』）。しかし関西では少し前まで「あんか」と言わず、もっぱら「こたつ」と称していたようです。

この東芝「電気あんか」も、松下「ソフト電気コタツ」も、ともにふとんの中に入れて、足を温める道具なのですが、関東系の東芝では「あんか」、関西系の松下では「こたつ」と呼び方が違っているのが面白いですね。ちなみに今では、パナソニックでも「電気あんか」という呼び方になっています。

東芝

電気あんか 布製薄型

CAN-14　昭和36年　1,700円

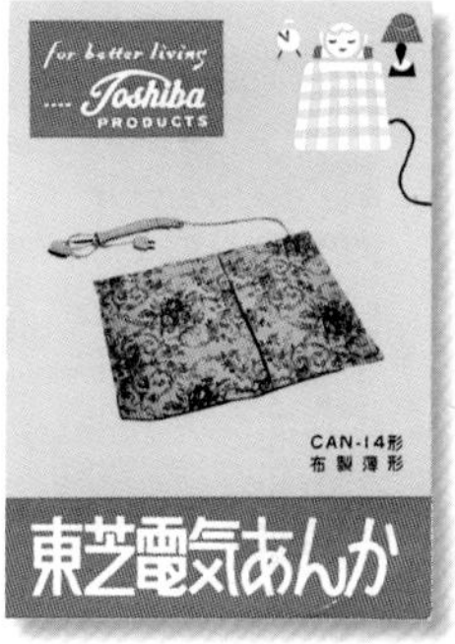

松下（現 パナソニック）

ソフト電気コタツ

DW-S7　昭和33年　1,550円

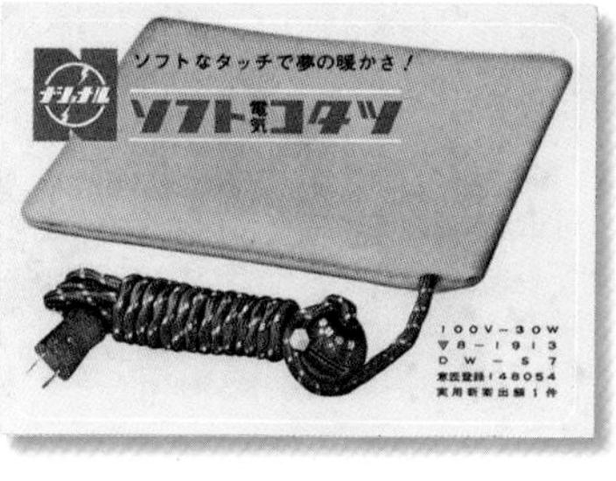

各社から出揃った情緒ゆたかな和のあかり

ホワイトボール電球の柔らかな光と蛍光灯でカクテル照明はいかが

東芝

ホワイトボール用照明器具（スタンド形）

IL-1100　昭和34年　1,500円

ホワイトボールは内面にシリカの粒子を塗布して柔らかな光を、また装飾にも使える電球として発売されました。「白熱電球と蛍光ランプの二種をカクテルにしてお使いになるのが上手なやり方」（『東芝サロン』昭和36年9月）という使い方も提案されました。

球場の照明をカクテル光線などと言います。「野球場などの夜間照明用に使う光線。昼光色に近づけるため、ナトリウム灯・水銀灯・白熱灯・ハロゲン灯などの光線を混ぜたもの」（『大辞林』）。初の※本格的なカクテル照明は、昭和31年の甲子園球場なんだそうです。ナイター開きを伝えるデイリースポーツには「カクテル光線の甲子園」の文字……。当初からカクテルと言っていたのですね。

※産業技術史資料データベース 国立科学博物館

復古調スタイルの蛍光灯スタンド

三菱

蛍光灯スタンド

FR-12　昭和34年　1,100円

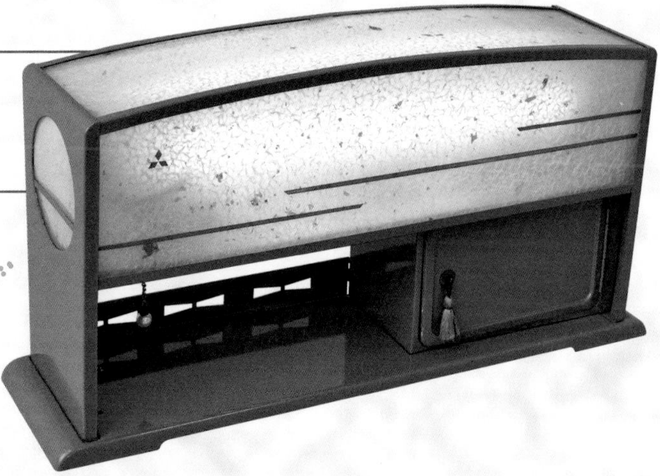

お布団の枕元に
似合いそうな
灯りスタンドです

明るい生活をよろこんでいたゞけます
10Wの蛍光灯で15Wの明るさ

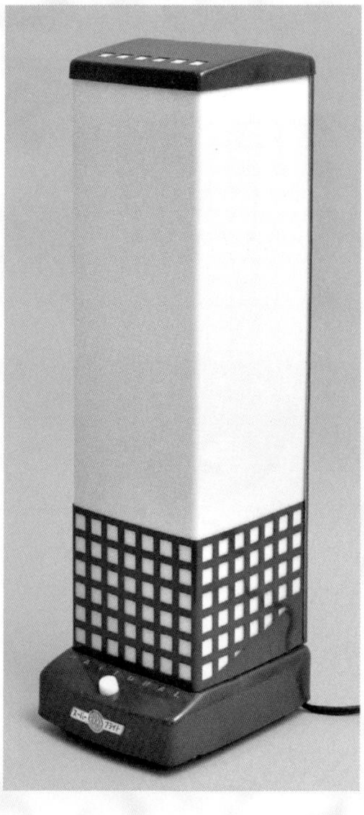

松下（現 パナソニック）

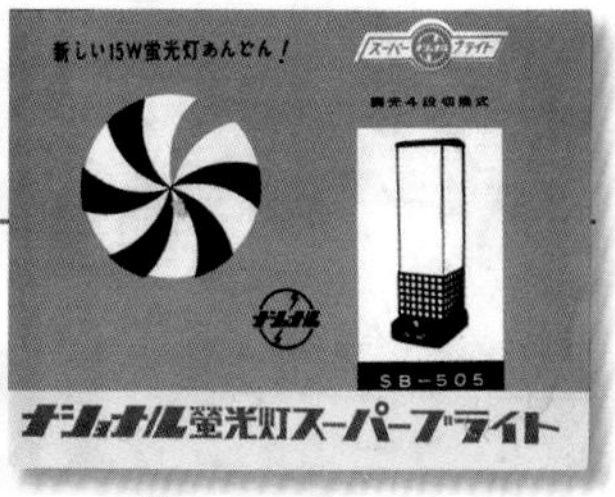

スーパーブライト
蛍光灯あんどん

SB-505　昭和34年頃　1,500円

スーパーブライトとは、蛍光灯を５割増し明るくする技術です。その仕組みは５割増しの電流……。例えば20Wの蛍光灯なら、そこに30W分の電流を流して、５割増し明るくするというもの。もちろん蛍光灯の寿命には影響しません。

この「蛍光灯あんどん」も10Wの蛍光灯に15W分の電流で、５割増しの明るさに。「新しい技術により完成されたものであり、きっと明るい生活をよろこんでいたゞけます」（取扱説明書）。今まで通り10Wの明るさへ切り替えもできるので、寝床での読書は15W、ラジオを聞いて10W、眠る時には豆電球……。場面ごとに、そんな切り替えがされていたかもしれませんね。

格子模様が日本情緒
を醸し出しています

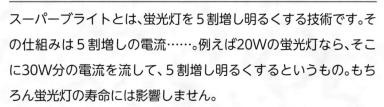

和の家電・居酒屋編

酒かん器で燗酒、タオル蒸し器でおしぼり、ホーコー鍋で水炊き……。
電化の波は居酒屋にもやってきました。
テレビがまだ珍しかった時代には、テレビ酒場というのもありました。

居酒屋にも電化の波がやってきた

東芝

電気酒かん器

SW-601　昭和34年　3,000円

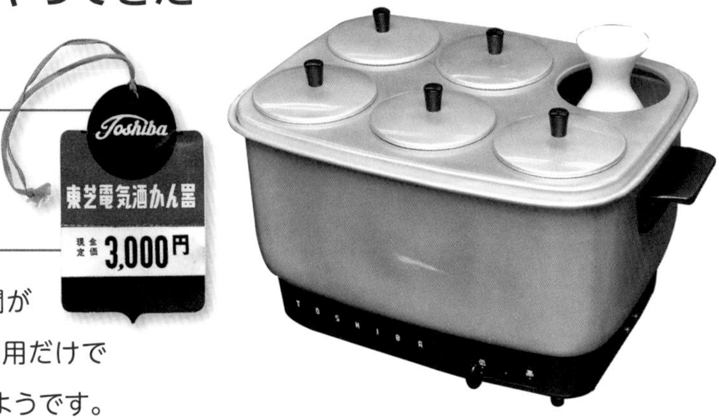

温度調節器が付いていて、熱燗ぬる燗がお好み次第に手間なくできると、業務用だけでなく、家庭用としても考えられていたようです。この酒かん器が発売された翌年、昭和35年の酒類課税数量は全体で219万kℓ。そのうちビールが93万kℓ、日本酒（清酒）は75万kℓでした。それから50年後の平成22年は、全体で896万kℓ。そのうちビールが294万kℓだったのに対して、日本酒は60万kℓとその数量を減らし、一方でワインや焼酎また発泡酒などが増えました。ただ昨今では、海外の日本酒ブームとあいまってその魅力が見直されているそうです。

※参考『酒のしおり（国税庁）』　千kℓ以下は四捨五入

お酒はぬるめの燗がいい　酒かん器でお好みに

三洋

酒かん器

SSD-F1　昭和40年　35,000円

前面に大きく書かれた「おかん酒」の文字通り、スイッチひとつ、温度調節機能で45 ～ 65℃の範囲に温めて燗酒にします。「人手不足の目立つ旅館や料理店などに業務用として売り込む方針……」(『日本経済新聞』昭和40年6月26日)

昭和30年代後半あたりから、家電での技術を家庭向けのみならず、産業や社会へも広げて行こうと、この酒かん器をはじめ、冷蔵ショーケースや業務用洗濯機、自動販売機などが発売されはじめました。

松下（現 パナソニック）

電気自動タオル蒸器

NW-61　昭和34年　5,800円

世はまさにサービス時代 おしぼり用タオル 20 本が 40 分で蒸しタオルに

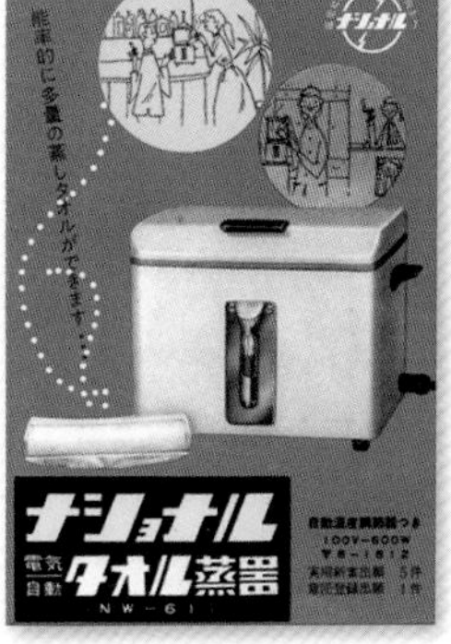

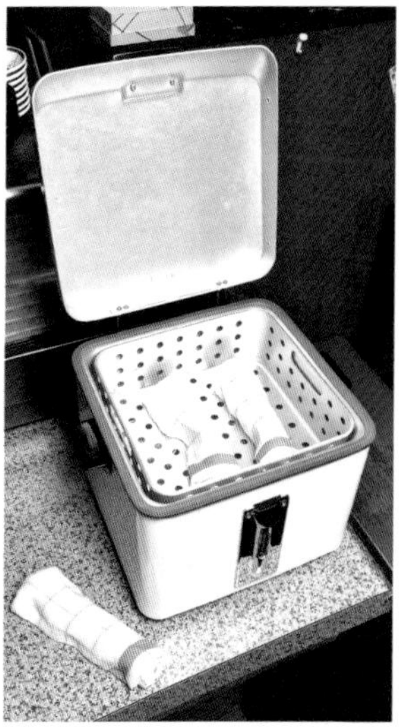

撮影協力：大阪・天満「千石屋」

“本格”火鍋をご家庭でお楽しみください

三菱

電気ホーコー

NB-802　昭和40年　3,980円

ホーコー（火鍋）とは中国伝来の鍋料理のこと。この製品はホーコー料理をしやすいよう、一般の電気鍋とは違う工夫がなされました。材料を煮るためには中央の突起部のヒーター、そして保温するためには底部にと、2種類のヒーターを配置。鍋の真ん中で材料を煮たあとは周囲に移動させて保温し、また新しい材料を真ん中に入れてという具合。「中華料理はもちろん、寄せ鍋・水炊き・湯どうふ…にも本格派の味をお約束します」（新聞広告）。“本格派の味をお約束”とは、なかなかの自信作とお見受けしました。酒かん容器もついて、燗酒も楽しめるなんとも心憎い気配りです！

昭和の“ハレの日”のごちそうはやっぱりすき焼き

三菱

自動すきやき鍋

NB-851　昭和40年　4,300円

ご馳走といえば、“すき焼き”を思いつく人も多いことでしょう。昭和30年代のすき焼きは、今以上にハレの日の食事でした。「上等なすき焼は外で食べればびっくりするほど高いぜいたくなものですが、家庭ならちょっとおごって忘年会やクリスマスにお客様ともども楽しめるごちそうです」（『料理と栄養』昭和32年12月）。

今日は給料日、「わ〜い　すき焼き！」……。三菱すきやき鍋を囲んで、一家《いっか》団欒《だんらん》の楽しい思い出が作られたことでしょう。

あの料理研究家もご推奨していたてんぷら鍋

松下（現 パナソニック）

お座敷てんぷら鍋

NF-850　昭和42年　4,800円

昭和40年代に入ってくると、すき焼き鍋やホーコー鍋のように、家族みんなが食卓を囲んで料理をしながら食べるという、“家庭グリル”製品がたくさん出てきました。この「お座敷てんぷら鍋」もそのひとつ。天ぷらの適温といわれる油温180℃に保つように工夫されています。

当時、料理番組で人気の土井勝先生も「油の温度が適温で常に一定しているので、誰にでも上手に揚げられる」とご推奨のお言葉。発売1年で20万台のヒットとなりました。

ナショナル坊やを描くときに大切にしたのは"品位"でした。

元 松下電器デザイナー　岩永 泉さん

（岩永さん提供）

ナショナル坊やの試案（1959年、パナソニック提供）

昭和の時代。街中には様々な会社のマスコットキャラクターが溢れていた。その一つ松下電器（現・パナソニック）のナショナル坊やは電気屋さんの店頭やポスター、テレビCMなどあちこちで活躍し、子供からお祖父ちゃん、お祖母ちゃんにまで愛される昭和を代表するマスコットだった。その坊やをデザインした岩永泉氏に、当時の想い出とともにナショナル坊やの思いを聞いた。

増田（以降・**増**）　実は私、子供の頃からナショナル坊やが大好きでして、そのナショナル坊やをデザインされた方とこうしてお会いできて大変嬉しく思っております。

岩永（以降・**岩**）　ありがとうございます。

増　そういうわけで、今日はぜひナショナル坊やについていろいろ聞かせてもらいたいと思ってるんですが、その前に岩永さんはどうしてデザイナーを目指されたんですか?

岩　当初は日本画家になりたいと思っていたんです。で、多摩美術大学出身の先輩に相談しましたら、ファインアート――油絵とか日本画とかでは、それで生活していけるのはひと握りで、これからは商業美術の分野の方が有望だよとアドバイスをいただいたんです。それで多摩美術大学の図案科（当時）に進むことにしたんです。その頃はまだグラフィックというのではなくて、"図案"というカテゴリーだったんです。

増　では商業美術のはしりの頃だったんですね。

岩　そうですね。ただ実際に商業美術っていうのは、もう明治というか大正からあるんですよ。杉浦非水[1]先生が描かれた三越の昔の地下鉄のポスターだとか、猪熊弦一郎[2]さんがデザインされた三越のピンクの包装紙とか。ただ、私が大学に入った頃もそうでし

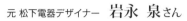

大阪万博（1970年）記念の貯金箱
（増田さん提供）

たが、当時のグラフィックデザイン界は、限られたごく少数の人が活躍していた時代でした。そのお一人である山名文夫先生[3]が大学で私の教授でもありました。当時、先生は資生堂の仕事をされておられ、その美しいエレガントな曲線のイラストには大変憧れたものです。そして大切な基本をご指導いただきました。

新人だけど仕事を任されました

増　それで、松下電器に入られたのは?

岩　実は、最初山名先生のお勧めで電通に入ることになっていたんです。参加するプロジェクトも決まっていたのですが、ある事情でその計画が中止になり白紙となってしまいました。そのプロジェクトはある洋酒メーカーのイメージキャラクターをデザインすることだったんです。ディレクターも決まっていて、そのメーカーの研修に行く準備も始めていました。私もすっかりその気になり楽しみにしていたのですけどね……。

増　けど?

岩　そのプロジェクトが中止になってしまったんです。結局、その経緯は今もよくわかりません。それで私はそのまま一時待機するということになりました。そこに当時の松下電器（現パナソニック）の東京宣伝部長が電通に行かれた際、「誰か新人のデザイナーはいませんかね?」と聞かれたそうです。ちょうど人材を探しておられるところだったんですね。で「一人いますよ」ということで、松下電器に入ることになったんです。

増　そういうことがあったんですね。松下電器の方も何かプロジェクトはあったんですか?

岩　具体的なプロジェクトではないんですが、ちょうど高度経済成長期に入る直前のことで、これからテレビの時代になると。番組企画とかそういうのを東京の宣伝部でやっていこうという方針を立てていてスタッフを集めておられたんじゃないでしょうか。

増　人数はどれくらいだったんですか?

岩　35人ぐらいだったでしょうか。若い人が多かったですね。テレビ番組の企画やCFの制作、それぞれのチームに分かれて、ポスター、カタログ、パンフレット、屋外広告、店舗設計、販売助成などまで幅広い仕事をしていました。私自身もポスターやカタログ、雑誌広告、新聞広告、カレンダーなど色々やりました。小さいものでは紙マッチのデザイン、大きいものではホールの緞《どん》帳《ちょう》のデザインなんかもやらせてもらいました。その自由度は、今では到底考えられません。とてもラッキーだったと思います。

増　当時はどういう風に仕事をされていたんですか?　今とは違ったんでしょうか。

岩　そうですね。かなり違いましたね。例えばポスターを作る場合、今なら普通コピーライターもいますよね。ところが当時はコピーも自分で書いていました。写真もカメラマンに一応こういう感じで撮ってほしいとお願いしていました。ですからアートディレクションからコピーライティングまでしていて、今でいうクリエイティブディレクターのようなことをしていたのかもしれません。当時はまだそういう呼称はなかったと思いますが……。

増　僕はちょっと広告の業界のことはようわからないんですけど、そうやって何でもするいうのは、やっぱり時代やったんですかねぇ。

岩　そうですねー。私が松下に入ったときの一番最初の仕事が炊飯器のポスターだったんです。で、このキャッチコピーを作り、ラフスケッチも描き、写真のディレクションもやりました。湯気の

ようなふわっとしたものを出したいと思いまして、まだ当時は未熟でしたけどね、ドライアイスとかいろいろ工夫して（笑）。この時のモデルになってもらったのはたぶん、子役時代の江木俊夫さんだったと記憶しております。まだ幼くともかわいかったんですよ。

増　それが初めてのお仕事だったんですか？　すごいですねー！　今でしたらそりゃもうたくさんの人が集まり、コピーライターからカメラマンやスタイリストの人たちまで……。

岩　そうです。普通はチームでやるでしょ？　それを印刷するところまで全部（笑）。事業部の方からはこういう風にしてほしいとか言われることもなかったですし……。本当に今考えるとね、もうありえないなーっていう話だと思います。

増　マルチでやってはったんですね。

岩　当時は、ポスターとかカレンダーとかそういうものが多かったですね。カレンダーも2〜3本、やらせてもらいました。今時では考えられないですよね。とても楽しい仕事になりました。

増　へー。モデルさんを使ってですか？

岩　高峰秀子さんがモデルで、カメラは秋山庄太郎[4]さんで。

増　ビッグネームの方ばっかりですね。

岩　そうです。それであと鰐淵晴子さんで、カメラがサントリーの広告の仕事をメインにやっておられた杉木直也[5]さんですかね。

印刷されるカレンダーの紙質までかなりこだわりました。

増　それを入ってすぐの人に任せちゃうんですか……。

岩　はい、初年度からです。

増　へぇ〜。

岩　だから、今時だったらあり得ない話ですね。で、高峰秀子さんの写真を撮るのにラフスケッチを描いて、秋山庄太郎さんのスタジオで、そのラフスケッチを見せてですね、「真横から撮っていただきたいんですけれど」って。しかし、即座に却下されました。なにしろ新人デザイナーでしたから無理もありません。女優さんの写真は角度が大事なので全て先生にお任せしましょうねと。23歳のペーペーが初めて味わう現場の厳しさでした。

増　そうでしたか。

岩　で、相当落ち込んで会社に戻り、スタジオでの経緯を部長に報告しましたら、一回一回が貴重な体験になるのだから、それを今後の時に生かしなさいと、アドバイスを受けました。

増　いやー、すごいですね。その当時のやり方はそういう感じですか？　どんどん若手に任せるみたいな。

岩　そうですね。

ある程度、自由度の幅が大きかったですね。あれもやりなさい、これもと……。今だったらとても許されませんけど、新入社員にもいろいろな仕事をやらせてもらいました。

増　普通の場合、新入社員って1年ぐらいはなかなか戦力にはならないのではありませんか？

岩　私自身、初日から戦力になりたいという思いが強かったので、在学中よりその技術をいち早く身につけたくてけんめいに勉強したものです。デザインコンペなんかも一つの方法だと次々に参加しました。

増　例えばどんなコンペに。

岩　その頃、業界に〝日本宣伝美術会〟(6)というグラフィックデザイナー組織があって、若手のデザイナーにとって登龍門的存在の公募展をやってたんです。私もそれに応募して、在学2年目に初入選しました。その他に、毎日新聞広告デザイン賞や朝日新聞広告賞などのコンペにも参加して、3年生の時に朝日で準朝日広告賞。同年、毎日で総理大臣賞をいただけたのはとてもラッキーでした。これらのコンペに参加することが、技術を磨くのに大変役立ったように思います。だから入社時よりいろいろな仕事をさせてもらえ、ナショナル坊やのデザインも任せてもらえるという好運を得ました。

ナショナル坊やの誕生

増　そのナショナル坊やなんですが、先ほども言ったように小さいときから好きで、写真も一緒に撮ったりしてるんですよ。

岩　そうなんですね。

増　それで描くきっかけは何だったんですか？

岩　当時、松下電器では広告や雑誌、ポスターのイメージキャラクターとしては、高峰秀子さんがメインでやられていたんですが、その他にこれからテレビの時代が来たときに、アイコンになるキャラクターがほしいねっていうことで始まったんです。それで上司が私にちょっと考えてみてないかと……。

増　会社とか直接の上司から、こういう風なイメージでとかはあったんですか？

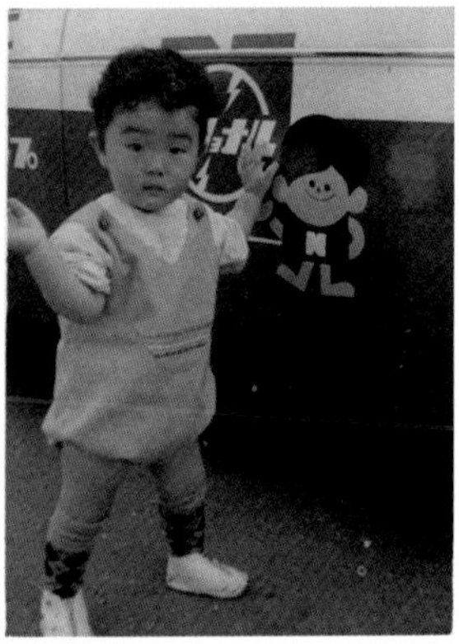

大好きなナショナル坊やと（1歳の増田健一さん）

岩　ありませんでした。全部自分の感性でやらせてもらったというか。部長もすごく若手の扱いが上手だったんでしょうね。変にいじくらないで任せてくれました。このことには本当に感謝しております。

増　そうだったんですね。デザインする上で大切にしたポイントは？

岩　私がキャラクターを作る時に一番重要視しているポイントが3つありまして、まずかたちがシンプルであること。それから健康的なルックスであること。そして子供から老人まで親しみがもてることですね。それとナショナル坊やは企業のキャラクターで顔になるわけですから、〝品位〟があることも大事です。

増　〝品位〟ですか。

岩　そうです。ですからマジメな感じを出すためにヘアースタイルを七三分けにしましたし、それから顔の表情も大変重要で、常にスマイルを保つように考えました。

増　ホッペが紅いですよね。

岩　健康さをアピールするためにそうしました。体もふっくらさせてね。企業のアイコンとしては、ただ単なるマンガではだめだと思っているんです。

増　すぐにイメージが頭の中にできたんですか？

岩　いや、しばらくいろんな角度から考えていました。それを

ナショナル坊やのいろいろなポーズ

（パナソニック提供）

ナショナル坊やの試案スケッチ（1959年、岩永さん提供）

……当時はパソコンなんてありませんでしたから、トレーシングペーパーや方眼紙を使って少しずつ形にしていきました。難しかったのが、手足の動きでした。スタート時点ではテレビ対応として動きの表現が必要でしたから、バランスをとるのに方眼紙が非常に役に立ちました。衣装は、ナショナルのアイコンからスタートしているので、基本的にはシンプルでネイビーブルーの服にNの字を白ヌキです。シンプルが大切なのは、小さくなった時に絵がつぶれてはいけないからなんです。だからアイコンで使っている時は帽子とか靴はありません。それと当時は白黒テレビでしたから白黒のトーンのことも考えていました。

増　なるほどー。

岩　あと苦心したのは目の玉の大きさと左右の間隔でした。目の大きさとそのアキ具合がむずかしいんです。それに鼻の向きと口の長さも微妙でした。角度も重要なんです。シンプルなデザインなので目の位置、幅とか、大きさとかがすごく大切。そこが狂うとね、全然違うんですよ。表情も変わっちゃうし、印象も変わっちゃう。

増　なるほどー。岩永さんは坊やの他にも何かテレビ番組のタイトルデザインもなさっておられたそうなんですが、その頃の話を少し伺えますか？

岩　はい。もう松下電器を離れてかなり時間は経っておりましたから、１９７０年代から80年代にかけてだったと思います。松下電器が提供されていた、『ナショナルゴールデン劇場』という番組がありましてね。手がけたのは約10年ぐらいだったでしょうか。代表的なのは向田邦子さん作の『だいこんの花』というドラマで森繁久弥さんや竹脇無我さんが出演されているものでした。そのドラマのタイトルバックの絵を何枚か描いたもので、はじまると同時に詩情溢れる森繁さんの歌が流れていたんですよ。

増　そうでしたかー。良き時代だったんですねー。

岩　旅行などした時に街中でナショナル坊やに出会うと、「おっ！いた。元気にしてる？」と声をかけたくなりますね。

増　ところで話を戻しまして、そうして描かれたナショナル坊やが、そのあとずーっと長い間、親しまれてきたじゃないですか。その要因はいろいろあるのでしょうが、何が良かったと思われますか？

岩　やっぱり平面だけじゃなくて、立体に作ったものと、それからあとはメロディーですね。松下のイメージソングだった『明るいナショナル♪』。目だけじゃなくて耳からも入ってくるでしょう。だから、あの音楽を聞いていると坊やのイメージが浮かんでくるような、そうしたトータルなビジュアルが、皆さんのなかに残ったんじゃないかと思うんです。それと一番は、やっぱり販売店のＰＯＰ、電気屋さんの店頭にあった大きな人形です。当時、小学校の子供たちが店頭にあるナショナル坊やの頭をポン！と叩いて通り過ぎる光景をよく見かけました。全国にナショナルの販売店が多く、津々浦々にありましたから。全国でそういう場面が見られたと思うんですよ。映画の『ＡＬＷＡＹＳ 三丁目の夕日』にも出てくるんですよね。ナショナルの販売店があってそこに立ってました。昭和を象徴するようなキャラクターだと認識されてるんでしょうかね。

増　あの頃は各社にそういうキャラクターがありましたよね。

岩　何社かありました。例えばソニーのソニー坊やでしょうか。岡部冬彦[7]さんが創られたものです。あと比較的長いのがコルゲンコーワのカエル……。それと不二家のペコちゃんぐらいじゃないでしょ

坊やのファミリープランで
パパとママの試案スケッチ
（パナソニック提供）

うか？　ペコちゃんは今も現役で続いていますから立派ですね。

増　そうですね。

岩　そのペコちゃんの人気は、かわいさと店頭用に作られたサイズの大きさと全国的に展開されたこともあったのではないでしょうか。それに季節によって服や着物を着替えさせるという演出も上手いと思います。サントリーのアンクルトリスも人気のあるキャラクターで永く続いて現在も時々キャンペーンで活躍しておりますね。アンクルトリスはモデルチェンジもなく、オリジナル性を保持しています。

増　ナショナル坊やの場合そういうモデルチェンジの話は？

岩　一瞬ありました。だけどそれはもうあっという間のことですぐになくなりましたね。

増　他のモデルチェンジの話をもう少しお聞きしたいのですが？

岩　そうですね。花王のお月さんのキャラクターはわずかですが、少しずつ線の太さなどが簡略化してきていると思います。森永製菓のエンゼルも以前のものからかなりシンプルになっているのではないでしょうか？　キャラクターとして人形のように立体化されていると気がつきやすいのですがね……。エンゼルの顔のアップを中心にしてMの字がシンボリックにデザインされており、インパクトあるものになっています。

ナショナル坊やには妹がいた⁉

増　ナショナル坊やで実現しなかった企画みたいなものはあるんですか？

岩　実は、私の中ではファミリーでやっていきたいというアイデアがあったんです。

増　あー、坊やだけじゃなくて、お父さん、お母さんも出されるつもりだったんですか？

岩　それからあと妹ですね。ナルちゃんっていうんです。自分で勝手に名づけていただけなんですけどね。ナショナルの「ナ」と「ル」を取って……（笑）。実際に使われたのは坊やだけだったんですけど、実はナルちゃんもかなり以前のコマーシャルに出てるんですよ。ナルちゃんの服は赤地に白い水玉で胸にNが同じように白ヌキ。ヘアースタイルはおさげ髪だったんですけど、記憶されておられる方はほとんどいないでしょうね（笑）。

増　そのファミリーというのは実現しなかったんですか？

岩　ええ。でも、一昨年（２０１８年）にパナソニックさんが創業１００周年となり、朝日新聞に4ページジマルチで広告を掲載されたんですけど、その中の一部として、昭和色の濃い4コマ漫画としてナショナル坊やも復帰しまして、ファミリーを総出演させることができました。お父さん、お母さんだけでなくて、おばあちゃんも１００歳の誕生日という設定で登場させせました。

増　その他には？

岩　そうですね。バットマンが大流行している時だったでしょうか。販促用に坊やのバットマンを試作したこともありました。

増　私もバットマンのおもちゃを持ってました。とにかく子供の頃に電気屋さんの店頭に立っていたナショナル坊やが大好きで、人形やその絵に出会うと、もうそれはご機嫌やったんですよ。一緒に写真も撮ってもらったりしてました。昨年（２０１９年）パナソニックミュージアムで坊やの原画展[8]があるというので

ナショナル坊やのキャラクターがあしらわれたプライスカード（増田さん提供）

観に行きました。そうしましたら坊やが誕生した時の原画のスケッチも展示されていて驚きましたね。不思議なご縁で、その会場に岩永さんもおられて、初めてお会いすることができたんですよ。サインをいただいたり、いろんなお話もできました。子供の頃からですから半世紀後ということになります。それで今回のインタビューへとつながりました。

岩　やはり出会いなんですね。私もその時ミュージアムを初めて訪れまして、その歴史館のスケールにまず驚きましたね。商品の変遷と同時に社会背景も観ることができるのは、とてもいいですね。その歴史と技術の進歩には目を見張るものを感じます。

増　昔の製品を今見ても、結構新しく感じるデザインもありましたよね。そう思われませんでしたか？

岩　そうなんですよ。エンブレムのデザインなんかはとても魅力的でまったく古さを感じさせませんでした。

増　話は変わりますが、ナショナル坊やをテレビ番組で見かけることがありますよね。

岩　はい。『開運！なんでも鑑定団』（テレビ東京系）でしょう。世界的なおもちゃのコレクターである北原照久さんがナショナル坊やを何回か鑑定され値づけされておられるのを拝見したことがあります。自分の好きな番組の一つで楽しみにしているんですよ。

増　最後に岩永さんがいろんな形でお仕事され、表現されてきた中で、このナショナル坊やという作品は、ご自身としてどういう位置づけになるんでしょうか？

岩　そうですね。私の仕事の中でも重要な作品の一つだと思います。

増　そうでしょうね。

岩　それから、やはり人と人との出会いがとても大切だと思っているんですよね。その第一歩が松下電器に入れたこと。そしてその恵まれた職場で大切に育ててもらえたこと。次にＨＯＮＤＡ（本田技研工業）やＳＯＮＹ、靴のＲＥＧＡＬなどのクライアントに出会えたこと。自分の会社（アンサー）を設立後も、ＲＥＧＡＬの仕事を継続できたこと。その後、シンクグループという建築・土木会社を中心とした企業グループと出会い、ＣＩ（コーポレート・アイデンティティ）の仕事に携われたこと。最近ではパナソニックミュージアムに出会えて、久しぶりにナショナル坊やが舞台に立てたこと。好きな絵本を描く機会に出会えたこと。現在、全国のコンビニの店頭で貼られているポスターの中にいるエスゾウくんというキャラクターは、日本フランチャイズチェーン協会との出会いから生まれたものでした。これからも新しい出会いを楽しみにしたいと思いますね。

増　そうですね。では、この辺で……。

カレンダーの表紙（1963年、パナソニック提供）

岩永さんの仕事

絵本『ちょうかいちょうのキョウコちゃん』
作：藤原一枝／画：岩永泉，偕成社

日本フランチャイズチェーン協会が実施するセーフティステーション活動のイメージキャラクター“エスゾウくん”は岩永さんのデザイン

絵本『ブータンのスープ』
作・画：岩永泉，シンクグループ

(1) 日本画家・デザイナー。明治9年愛媛県生まれ。大正14年にポスター研究団体七人社を結成。三越百貨店のポスターを制作するなど商業美術の振興に尽くした。昭和10年より多摩帝国美術学校（現・多摩美術大学）校長。昭和40年8月逝去

(2) 画家。明治35年香川県生まれ。東京美術学校で西洋画を学ぶ。昭和13年渡仏しアンリ・マティスに師事。JR上野駅の大壁画や三越の包装紙のデザインが有名。平成5年逝去

(3) 明治30年広島市生まれ。戦前から資生堂のイラストレーター、デザイナーとして活躍。フランスのアール・デコ様式に影響を受け、優美な女性像を描いた広告、雑誌や小説の挿絵、商品パッケージなどを数多く生み出した。昭和55年逝去

(4) 写真家。大正9年東京都生まれ。原節子をはじめ多くの女優や花の写真で有名。昭和25年日本写真家協会創立メンバーとして参画。日本写真家協会名誉会長。昭和61年紫綬褒章を受章。平成15年1月逝去

(5) 写真家。昭和4年生まれ。日本の戦後の近代広告写真のパイオニア的存在。平成21年12月逝去

(6) 昭和26年に結成された全国組織として運営された初のデザイナー組織。全国の主要都市で展覧会を開催。第3回展からは一般公募を開始し、新人の登竜門となる。昭和45年解散

(7) 漫画家。大正11年東京生まれ。週刊誌で連載した『アッちゃん』や『ベビーギャング』などで人気を得る。他に『アッカマ氏』や絵本『きかんしゃやえもん』の作画など。平成17年5月逝去

(8) 平成31年（2019年）4月27日（土）～7月6日（土）に大阪府門真市のパナソニックミュージアムで開催された

岩永泉（いわなが いずみ）

昭和11年旧満州奉天生まれ。多摩美術大学在学中に昭和32年毎日新聞広告デザイン総理大臣賞。同年、準朝日広告賞。昭和34年松下電器（現・パナソニック）に入社。「ナショナル坊や」を制作。昭和35年デザイン会社東京グラフィックに参加。HONDA、REGAL、SONY等を担当。昭和45年大阪万博記念切手（ローマ・バチカン）制作。昭和61年アンサー設立。REGAL担当。平成18年日本フランチャイズチェーン協会の〝エスゾウくん〟をデザイン。平成26年シンクグループ（東広島市）のCIに携わり、現在アドバイザー。国内外の広告賞を多数受賞。

昭和のチラシで大活躍した
子役モデルは 今日も元気に口演中

私のコレクションの展覧会で松下電器の炊飯器のチラシ（写真①）を指さして、「これ私です」。そう話しかけてくださったのは、藤井一さん。聞けば松下以外にも、当時、三和銀行・福助足袋・東芝など各社の広告に登場していたんだそうです。

※　※　※

昭和30年、大阪に生まれた藤井さん、そもそも広告に登場するようになったのは、お隣のお姉さんが本職のモデルをしていて、ちょうど子供を探していたそうです。そこで現場に連れていかれたのがキッカケでした。

写真②

写真①

そのお姉さんと二人で登場し、モデルデビューとなったのが、昭和34年の三和銀行のチラシ（写真②）。当時3歳、「撮影ではずっとグズッていやがっていたようです」……とは言え、ほのぼのとしたいい写真です。それ以降、各社から声が掛るように。「僕は覚えてないんやけど、母親の言うには、（子供のモデルだった）麻丘めぐみさんとも現場で一緒やったこともあったらしいわ」。ただモデルの活動は小学校に入る時、ご両親がやめさせたそうです。

「あのまま続けて、どっか子役事務所でも入っていれば、今頃大河ドラマの主役やっていたのになぁ～」

※　※　※

現在はタレント事務所に所属して、再現ドラマの（本人曰く）ちょっとした役やナレーターの仕事をされています。そのかたわら企業や終活のセミナーなどで、紙芝居を使って分かりやすく伝える「語り」でも活躍中です。先日も松下幸之助氏の生涯をパナソニックミュージアムで子供さん向けに紙芝居で口演、炊飯器のチラシから60年……。ご縁はつながっているんですね。

第3章

やぐらこたつ、魚焼き器、ゆで卵器

各社が競い合って進化しました

一社がヒット商品を出せば、
他社がそこにひと工夫こらして新しい商品を、
さらに他社がもうひと工夫こらして新しい商品を……、
各社がはげしい競争の中、
商品が少しずつ進化してゆきました。

各社が競い合って進化…
やぐらこたつ編

昭和32年

東芝
やぐらこたつ誕生
脚だけ外せます

昭和41年

東芝
二つ折り登場で
小さくしまえる

昭和43年

三洋
四つ折りで
さらにコンパクトに

昭和32年 冬の茶の間の人気者……やぐらこたつ誕生

東芝

電気こたつ やぐら付き

KYA-41　3,800円

今も冬の茶の間で人気の電気やぐらこたつ、その第一号が発売されたのが昭和32年。旧来のこたつは、熱源がやぐらの下にありました。それを上部にもってくるという発想の逆転です。
そうすると下が空くので足が伸ばせる！ 堀りごたつのように床を切る必要がない！ こたつ板（テーブル）をのせれば、そこでご飯が食べられる！
発売から3年後の昭和35年度には、業界全体でのやぐらこたつの販売目標数は210万台と、冬の主役になりました。

木製の脚に
そのまま
ネジを切って
いました

昭和41年 大きく使って小さくしまえる……二つ折り登場

東芝

二つ折り やぐらこたつ「横綱」

KY-435　6,200円

※写真の製品は昭和44年発売の後継機種になります

まずは脚を外します

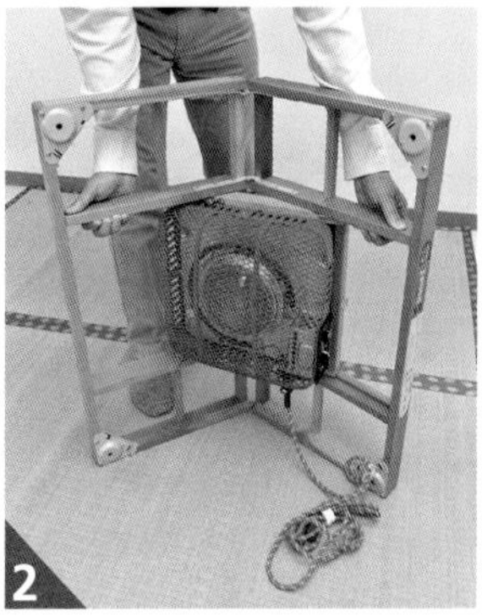

左右を押して畳みます

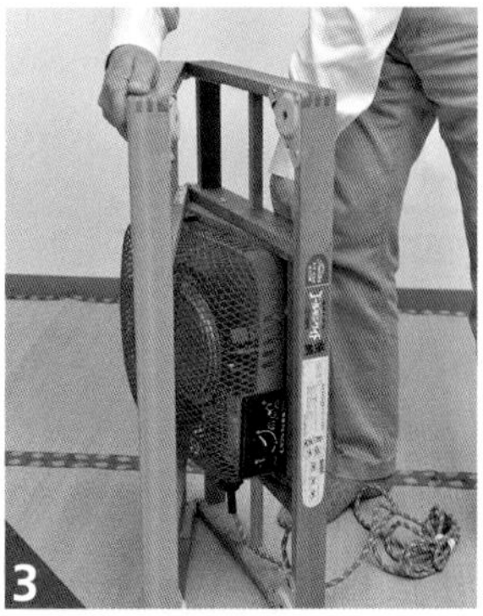

熱源部分はスライドし収まり

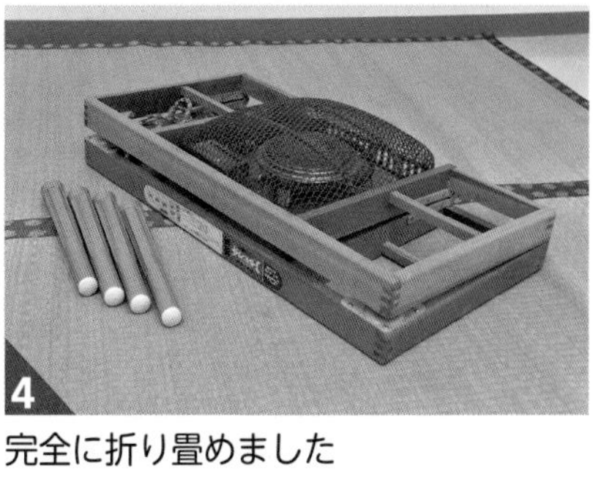

完全に折り畳めました

昭和41年、やぐらの部分が二つに折りたためるコタツが東芝から発売されました。団地やアパートなどの狭い部屋でも収納スペースが半分で済むというアイデアで、キャッチフレーズは「大きく使え、小さくしまえる」。

強度は従来のものと変わらないのですが、“折り畳みは弱い”というイメージがあるため、翌年からは愛称を「横綱」と名付けて「横綱 大鵬がのってもビクともしない堅固な設計」と丈夫さをアピールしました。「従来の常識を変えた商品」(『電波新聞』昭和42年8月10日)として話題を呼びました。

昭和43年 よりコンパクトに進化……三つ折り、さらには四つ折りへ

三洋

4つ折り式 ホームコタツ「ダンパック」

KL-450　5,950円

東芝から発売された二つ折りやぐらこたつは、収納スペースが半分ですむと好評を博しました。翌42年には、各社もこれに続いて二つ折りを発売しました。さらには三つ折り式を早川(現 シャープ)・ゼネラル・富士電機家電が。そして昭和43年には、三洋がこの四つ折り式を発売します。

激しい競争の中、各社が新たにひと工夫をこらして進化していっているのが分かります。さてこの四つ折り式……「スペースをとらないことで人気を得た」(『三洋電機三十年のあゆみ』昭和55年)とのことで、ヒット商品となったようです。

まずは熱源部分を外します

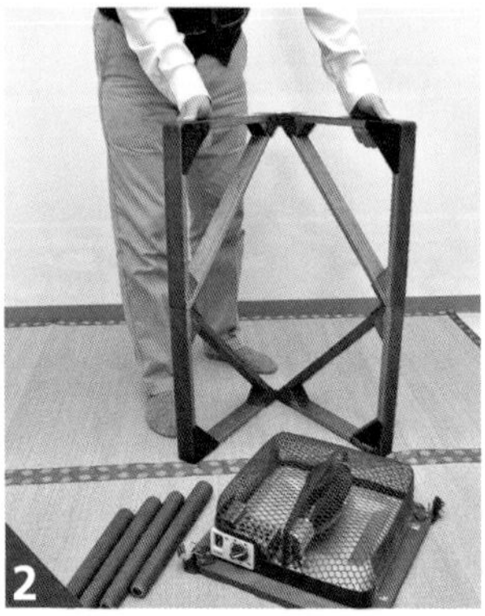

左右を押して畳みます

さらに上下に畳みます

完全に折り畳めばここまでコンパクトに

昭和42年

伸ばして大きく使える……スライド式もありました

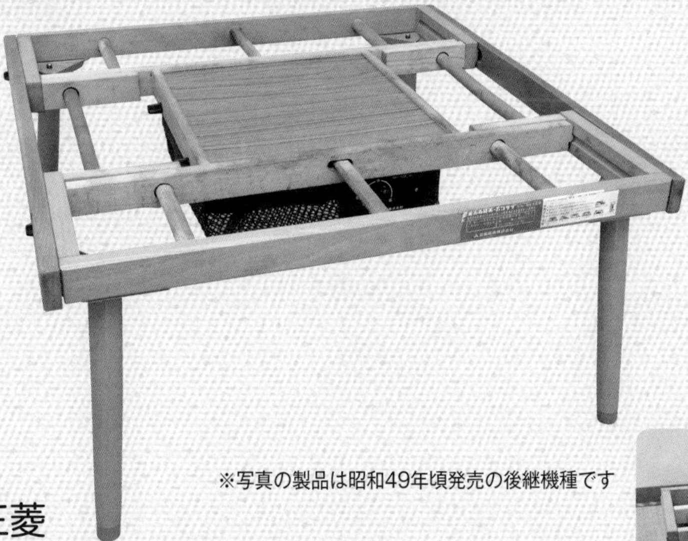

※写真の製品は昭和49年頃発売の後継機種です

三菱

スライド式赤外線ホームコタツ「コンパック」

NH-445C　価格不明

各社から二つ折りや三つ折りの出た昭和42年。この年に三菱では、スライド式の赤外線ホームコタツ「コンパック」を発売しました。

普段は70cm×42cmの二人用で、伸ばせば70cm×70cmの四人用と、使う人や部屋の大きさに合わせて使うことができます。ただ「コンパック」は伸ばせても、こたつ布団は伸ばせません……。「コンパック」をスライドして使う時、布団はどうしたのかなぁ〜。

ほかにも大型の四人〜六人用「コンパックワイド」もありました。来客の多いお正月でも、六人用にしてゆっくりこたつでテレビを見られるということで、「テレビ時代の新コタツ」なんだそうです。「紅白歌合戦」に「かくし芸大会」……、お正月は一家そろって、テレビを楽しんでいました。

1 左右に付いている添え木を取り外します

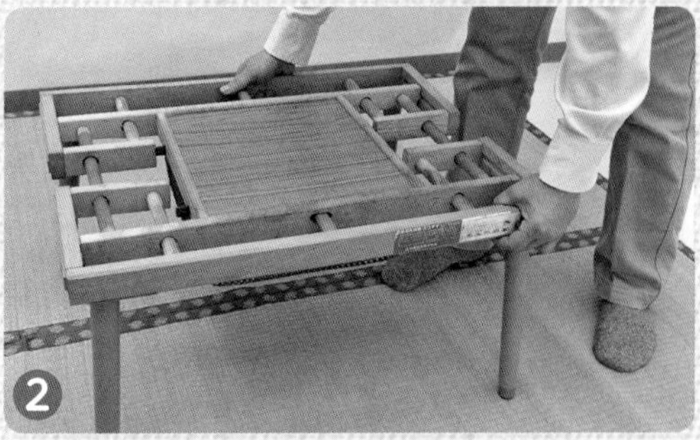

2 左右からグッと押し込んでいきます

3 これで二人用サイズになりました

各社が競い合って進化…
魚焼き器編

昭和34年

早川
上から焼いて
煙が出ない

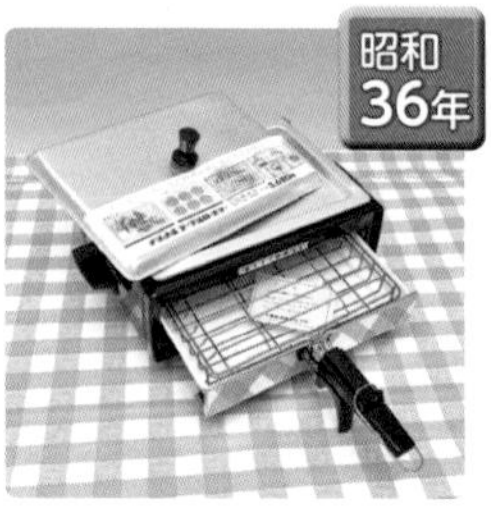

昭和36年

松下
焼いた魚を簡単に
ひっくり返せる

昭和37年

東芝
長～いサンマも焼ける

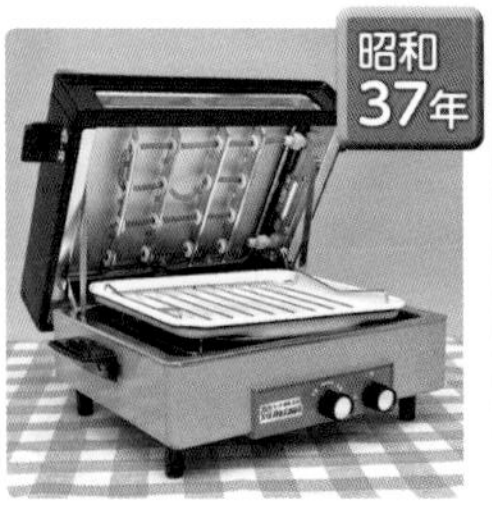

昭和37年

松下
魚の厚さに合わせて
焼き皿を上下させる

昭和34年

熱源を上にして、油が垂れても煙を出さずに魚が焼ける

早川（現 シャープ）

キッチンロースター

KF-650　2,380円

昭和36年 形を崩さずひっくり返せる上部プレートで熱を有効活用

松下（現 パナソニック）

テーブルロースター（電気魚焼器）

NF-69　3,980円

持ち手のついた焼き網がケースのようになっていて、その中に魚を入れて焼きます。こうすることで、片面が焼けたら持ち手をもって、焼き網ごとヨイショとひっくり返します。返す手間がかからず、お箸で魚を返すことで形が崩れることもないという仕掛け。

また上はホットプレートになっています。もちろん上下同時でも使えます。まさしく熱源の有効活用。取扱説明書の写真は、下はサバの照焼、上では成吉思汗（ジンギスカン）……、なかなか豪華な夕食です。

お魚も
お肉も
これ一台で
大丈夫

尻尾
を焦がさな
いための覆い板。
さすが！
芸が細かい

昭和30年代、焼き魚は七輪で料理をするのが一般的でした。ただこれだと魚の油が垂れて炭に落ち、煙や炎が上がってしまうのでなかなか大変でした。そこで逆転の発想。熱源を上にすれば、油が垂れても煙や炎に悩まされず魚を焼くことができます。

この方式は昭和34年に早川電機で製品化され、大きな評判となりました。誕生のキッカケのひとつは、ある社員さんが帰宅した夜、夕食の準備がまだだった奥さんがあわてて魚を焼いたところ、煙が家中に充満し大変なことに……。「煙や炎に悩まされない魚焼き器はできないか」と、技術部に相談したことなんだとか。今でいうところのユーザー目線っていうお話です。

昭和37年

長い魚も切らずに

東芝

フイッシュグリル

FG-606　2,250円　受皿200円

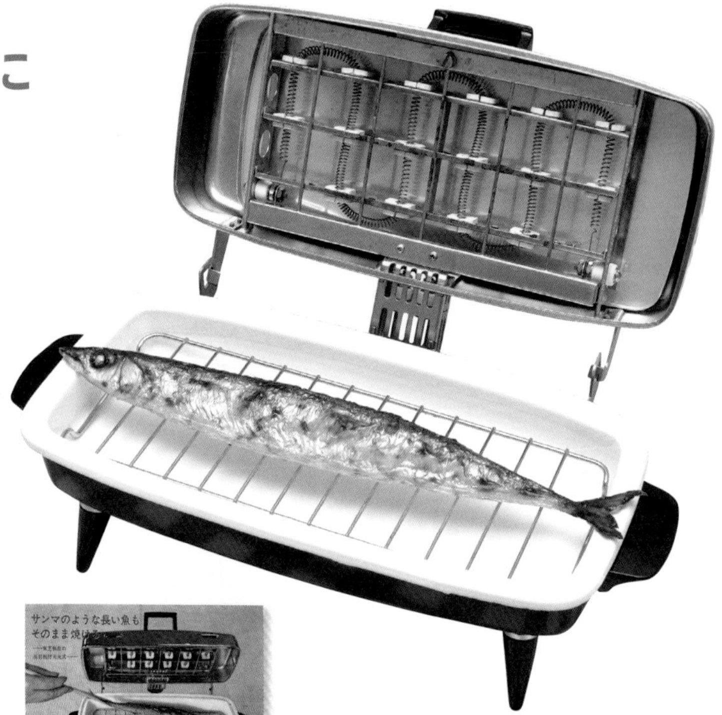

それまでの魚焼き器だと、長い魚を焼くときは切らなければいけませんでした。やっぱりサンマは切らずに１本そのままで食べるほうが美味しい……ということで横に長い魚焼き器が登場しました。

これでサンマなどもそのまま焼くことができるようになりました。「このフイッシュグリルは30㎝ぐらいの魚も切らずに焼ける、理想的な設計です」（新聞広告）。また網を外して、ホーローの受け皿を使えばグラタンも料理できます。

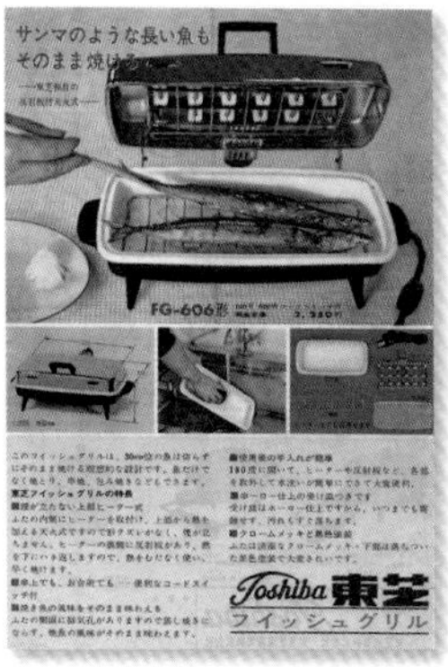

ちょっと一言

「向こうが今度出すものは、ウチのものよりもちょっと進んだものを出してくる」

ウチの四〇〇番の洗たく機をみて、東芝の工場長はどう思うか、松下のデザイナーはどう考えとるか。日立の技術者はどうか。おそらく、売り出したときにまっ先に、彼らは百貨店へ行って四〇〇番を買うていっていますよ。（中略）今度出すものは、ウチのものよりもちょっと進んだものを出してくる。同じものはつくらない。何かセールスポイントをつけた、進んだものを出してきます。その時に、こっちはあわてずに、デザインも性能も今度は向こうのよりも、もう一段よいものを出せる体制をつくらないかん。そのためには頭のスイッチを（他社の技術者になったつもりに)※ 切りかえよと。むずかしおまっせ。なかなか（笑）

三洋電機社長　井植歳男氏（『さんよう』60号　昭和35年8月）

※括弧内筆者

昭和37年

「タイなら下げる ヒラメなら上げる」魚の厚さで焼き網を上下

松下（現 パナソニック）

テーブルロースター 焼きアミ上下調節式

NF-630　3,950円

サンマのような長い魚を切らずにそのまま焼くことができる魚焼き器が出てきましたが、魚には長い・短いだけでなく、タイやヒラメのように身が厚い・薄いもあります。そこでタイのように厚い魚を焼くときは、焼き網を下げる（熱源から遠ざける）。そしてヒラメのように薄い魚を焼くときは、焼き網を上げて（熱源に近づける）、ほどよく焼こうとする製品が発売されました。

天火方式の魚焼き器の登場からわずか３年余、各社が競うように工夫をこらして、少しずつ進化しているのが分かります。

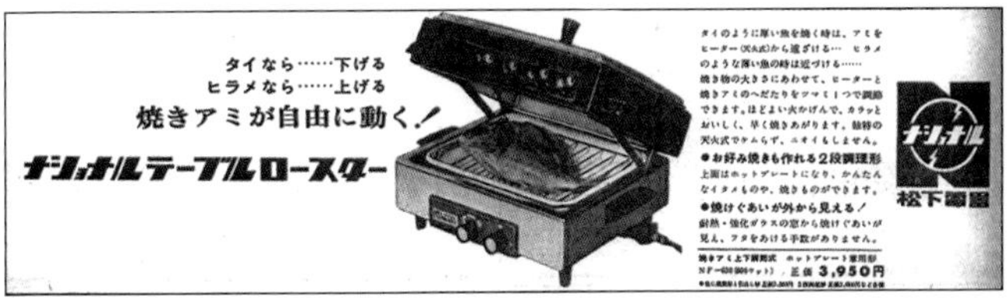

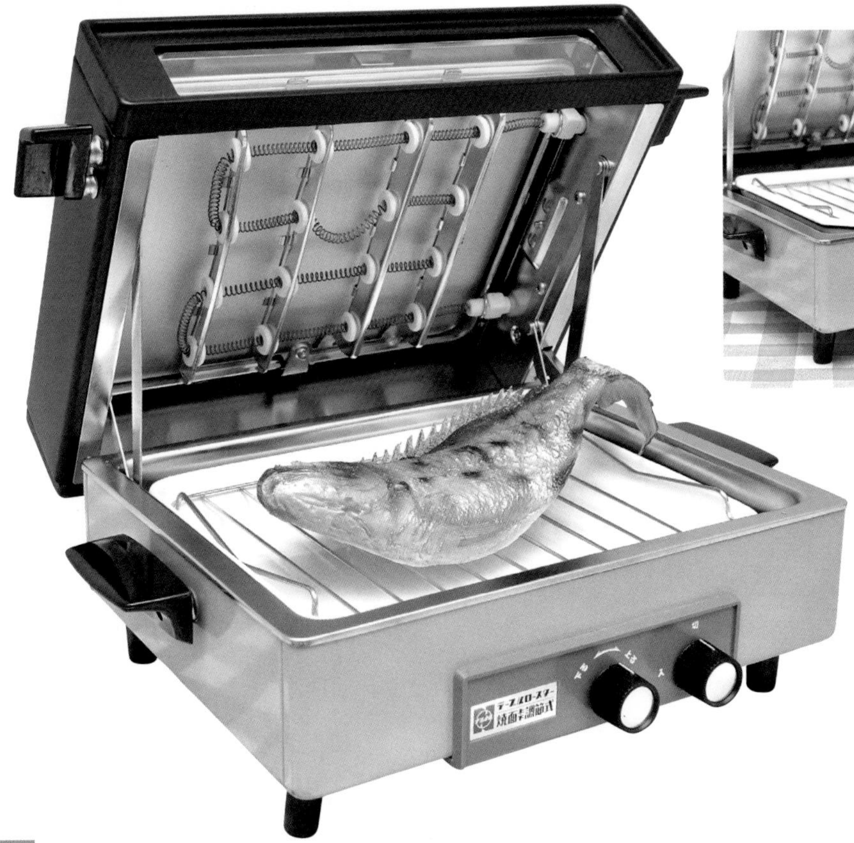

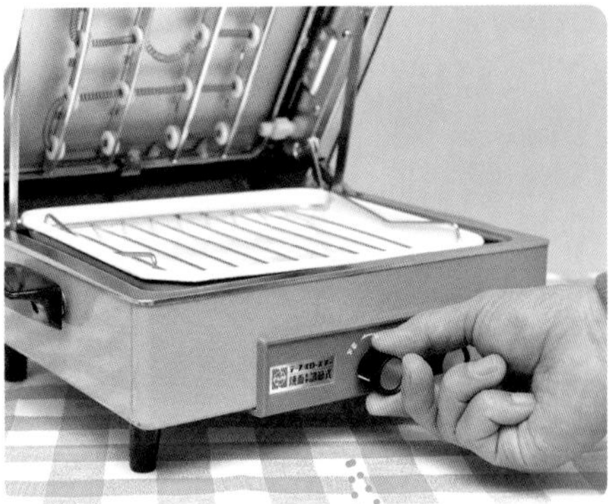

ツマミを回して焼き網を上へ下へ

各社が競い合って進化…
ゆで卵器編

東芝
ゆで卵だけの単機能

松下
燗酒や牛乳の温め機能も

三菱
うずらのゆで卵や
蒸し料理にも対応

松下
ポット型になって
ラーメンも作れる

昭和34年 ゆで卵のみの単機能型

東芝

卵ゆで器

BC-301

1,000円

鶏卵の消費量は、昭和35～40年の間で一人当たり2倍近くにふえました。そんな時代に発売されたこの製品。半熟も固めも、規定の量の水を入れるだけで（その水を熱することで蒸して調理）、スイッチひとつで自在にできるスグレモノです。そして鶏卵の消費量の拡大にともなって、このあと各社からも続いてゆで卵器が発売されました。

昭和37年 ゆで卵のほか…お銚子・哺乳ビン・牛乳瓶、いろんな温めができる

松下（現 パナソニック）

自動卵ゆで器

NW-32

1,580円

ゆで卵を作るだけにとどまらず、お銚子を入れて酒の燗、哺乳瓶を入れての乳児用ミルク、そして専用の牛乳瓶スタンドを使って牛乳の温め……と多用途の加温ができるようになっています。赤ちゃんのミルクを温める前に、晩酌のお銚子をこっそり温めて怒られたお父さんもいたかもしれませんね。

牛乳瓶が
割れないようにする
専用のスタンドにも
ナショナルのマークが

ゆで卵用と
蒸し器用を
使い分けて調理の
種類が増えました

昭和
40年頃

ウズラの卵だってできる 専用板をのせれば 蒸し料理もOK

三菱

自動卵ゆで器

EC-451

2,950円

卵受け(ゆでる際に卵をのせるお皿)には、ニワトリの卵用の穴のほかに小さな穴が9個あります。これはウズラの卵をのせるための穴。ニワトリだけでなく、ウズラの卵もゆでることができるようになりました。でも一度に9個もウズラの卵をゆでる家庭ってそんなにあるのかなぁ〜。そして専用の蒸し板を使えば、お饅頭など蒸し料理もできるようになっています。

松下（現　パナソニック）

自動卵ゆで器

NW-33

2,000円

計量カップで卵の個数（１個～５個）に見合った水を入れると、固ゆでから半熟までゆで具合が調節できるのはもちろん、牛乳瓶の温め、お酒の燗のほかに、ポット型の卵ゆで器としたことで、インスタントラーメンもできるようになりました。ゆで卵から簡単な調理まで……、使い方の用途がさらに広がりました。

燗酒や
牛乳、ラーメンなど
いろいろ使えることを
アピール

昭和42年　ポット型にしたので、ゆで卵のほかラーメンもできる！

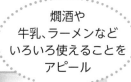

各社が競い合って進化…番外編

2重・3重・4重さらには 扇風機首振りネーミング競争

はじめは…2重首振(松下)

首を振る+向きを変える

2重首振は、扇風機の 90 度の首振りに加えて、ガードを軽く押して向きを変えれば、今度はその変えた位置を中心にして、90 度の首振りをする機能です。松下電器では昭和 20 年代、2重首振の扇風機が既に発売されていて、この仕組みは現在の扇風機にも活かされています。

つづいて…3重首振(日立)

首を振る+向きを変える+風の幅を変える

2重首振の機能に加えて、さらに首振りの幅が 0 度〜100 度まで自由に調節ができるようになりました。首振りの可能な範囲が 300 度ということで「風のシネラマ」。昭和 39 年から発売が始まりました。

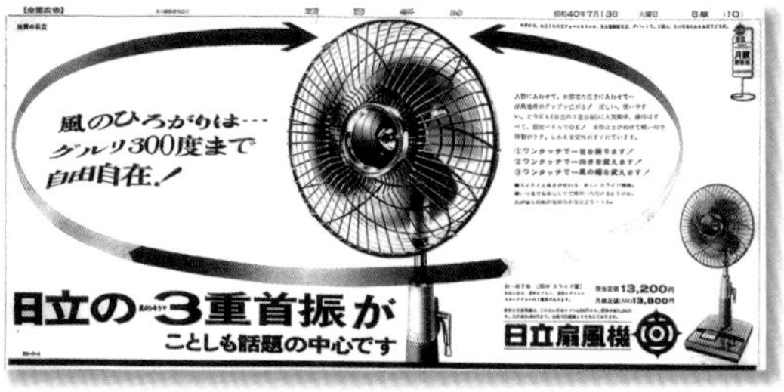

さらには…4重首振(早川)

首を振る+向きを変える+風の幅を変える+超特急首振り

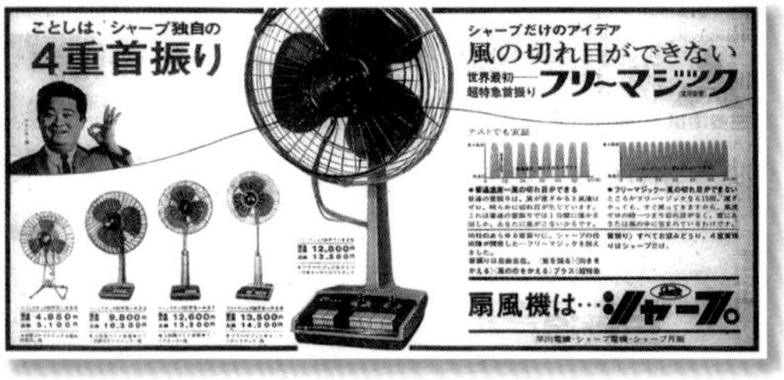

3重首振の機能に加えて、さらに超特急首振りがプラスされて4重首振。今までの扇風機だと、首振りで遠ざかる間は風が来ません。そこで首振り速度を1分間で8回から15回に速くすることで、風の切れ目をなくして、常に風を感じてもら仕組み。3重首振の翌年 40 年から発売が始まりました。

ついには…完全首振(松下)

首を振る+向きを変える+電磁首振り+前面ワンタッチ

昔からの2重首振に加えて、電磁式で動きの軽い首振りや前面パネルでの操作、また首振り速度を変えることができるなどの機能が加わって、もう首振りは完全ということで「完全」首振り扇風機。2重→3重→4重から完全へ。首振りネーミングの競争は、ひとまずここで終わったようです。

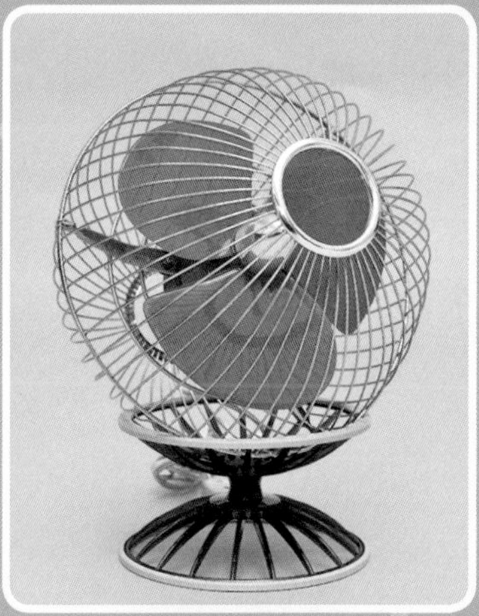

第4章

あんなこと、こんなことがありました
時代を映したユニーク家電

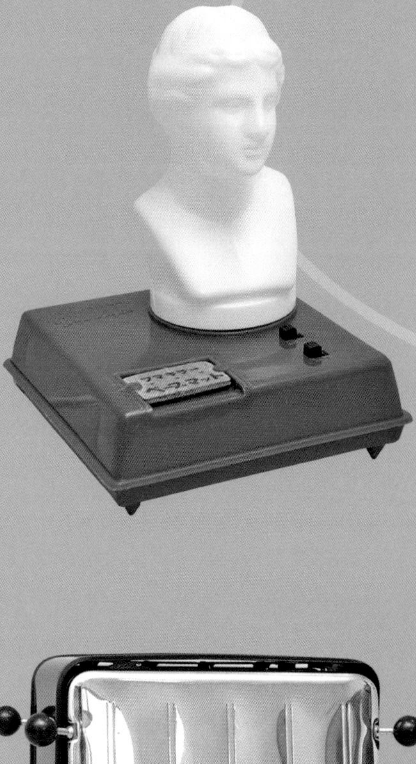

歌は世につれ、家電も世につれ

歌は世につれ世は歌につれ「ある時代によく歌われる歌は、
その時代の世情を反映しているものだ、という意」（『大辞林』）のように、
家電もまたその世情を反映しています。宇宙ブーム、
五輪、そして万国博……、時代のブームや出来事にあやかった製品が発売されました。

昭和32年　スプートニク1号打ち上げに成功

東芝

真空管ラジオ「かなりやQS」

5LQ-269　昭和33年　6,950円

ラジオの前面をよく見ると、青いボディに真白なロケットが描かれています。そしてロケットの先端には誇らしげに「TOSHIBA」の文字。このラジオが発売された昭和33年は、ソ連の人工衛星スプートニク1号に遅れること4カ月、アメリカもエクスプローラー1号を打ち上げて、米ソの宇宙開発競争が本格化した年です。

モスクワの宇宙飛行士記念博物館に展示されたスプートニク1号の模型（写真提供：共同通信）

大人向けのラジオにもいち早く流行を取り入れ、こんなお茶目な意匠を施すなんて、宇宙ブームの広がりがうかがい知れます。

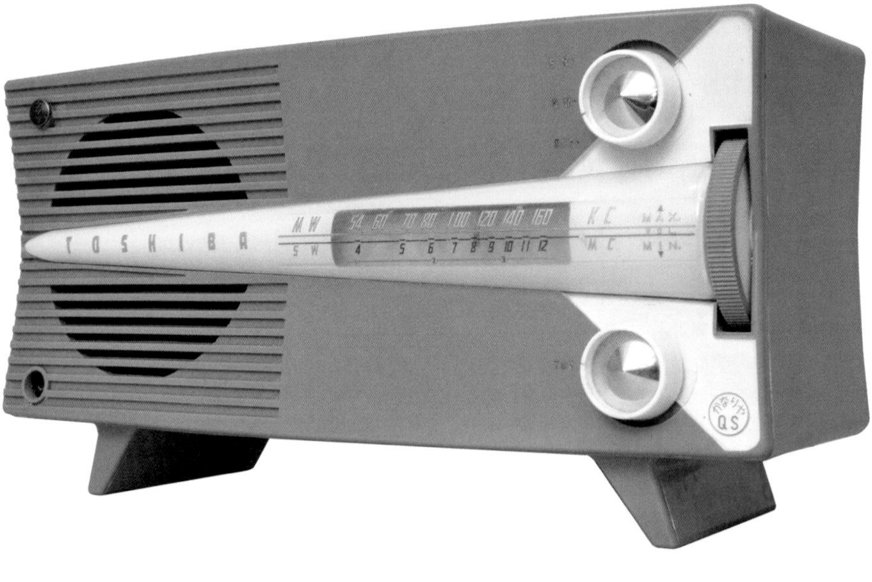

東芝

ホームスタンド（人工衛星形）

FO-1417　昭和35年　1,290円

なにが人工衛星形といえば、真ん中の球形……。これが世界初の人工衛星スプートニク1号を模しています。ほかにも松下電器からは人工衛星型掃除機というのも発売されていました。当時は、球形のものを称して“人工衛星スタイル”と言っていたようです。

このスタンドを買ってもらった小学1年生が高校3年になるのは昭和47年。「宇宙ブーム」もどこへやら。いささか不思議なデザインのこのスタンドを眺めては、ほろ苦い思いをしていたかもしれません。

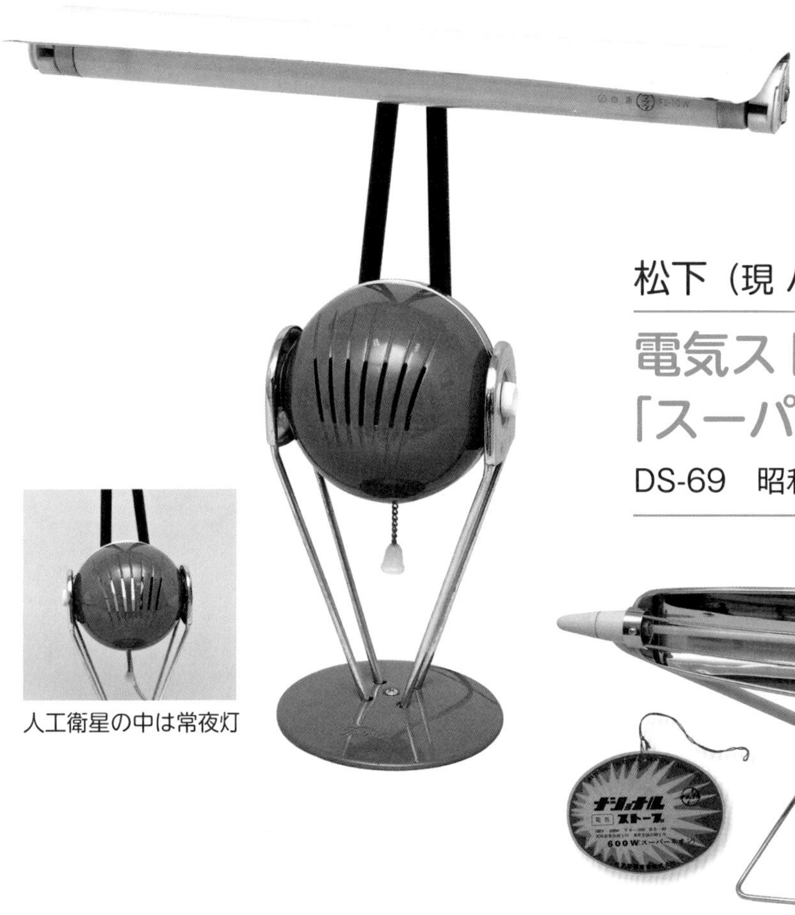

人工衛星の中は常夜灯

八欧（現 富士通ゼネラル）

ロケット型ミニライト

型番不明　昭和30年代　価格不明

松下（現 パナソニック）

電気ストーブ「スーパーネオン」

DS-69　昭和34年　2,940円

昭和39年　東京オリンピック開催

東芝

6石トランジスタラジオ

6P-64　昭和39年　4,500円

白色のキャビネットにスピーカー部分は赤色と、東京オリンピックを記念したトランジスタラジオらしく日の丸をイメージしたデザイン、そして下部にはTOKYO 1964の文字。これに東京オリンピック資金財団制定のワッペンがつけられています。
東京オリンピック資金財団は、競技施設の建設や運営資金の調達のために設立され、このワッペンのほかメダル、記念切手や記念たばこなど寄付や資金を募りました。このトランジスタラジオにつけられたワッペンも東京オリンピックの資金調達に一役買ったことでしょう。

松下電器が大阪駅前に設置した東京オリンピックの大看板。上部にはカッコ良く演技する体操選手のオブジェが！　（撮影及び写真提供：村田政和）

日立

東京オリンピック記念蛍光灯スタンド「ムーンライト」

555型　昭和39年　1,700円

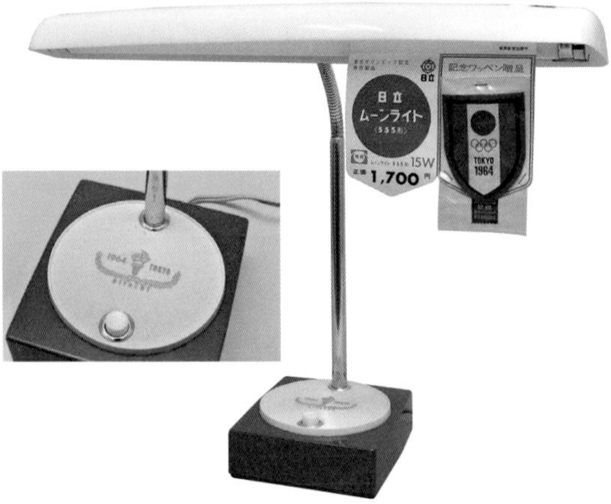

松下（現 パナソニック）

東京オリンピック記念「ベビーライト」（懐中電灯）

昭和39年　200円

昭和28年　テレビ本放送を開始

テレビ放送開始の約１年前、試験放送を映し出すテレビジョンをラジオ店前で見詰める人々
（写真提供：共同通信）

早川（現 シャープ）

テレビ型ラジオ「シネマスーパー」

5S-85　昭和31年　10,900円

テレビがまだ高嶺の花だった昭和31年。気分だけでもテレビを味わおうと、外観がテレビの形をしたラジオが早川電機から発売されました。「テレビを形どったラジオのニューモード」（『シャープニュース』昭和31年8月）ということで、価格は1万900円。当時、高卒の国家公務員初任給が5900円ですから約2か月分と、けっして安い買い物ではありません。またその頃の一般的なラジオが7000円前後ですから、いささか割高でもあります。買ってきたお父さんは……きっと叱られたに違いありません。

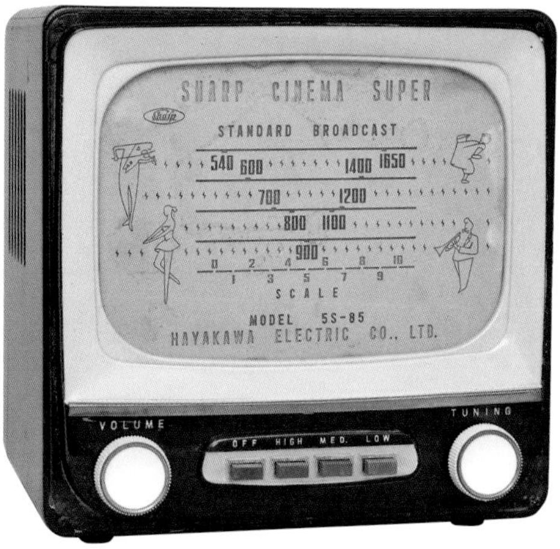

昭和35年　日本航空でジェット機が初就航

三菱

20cmジェットファン

D-8E　昭和34年　6,100円

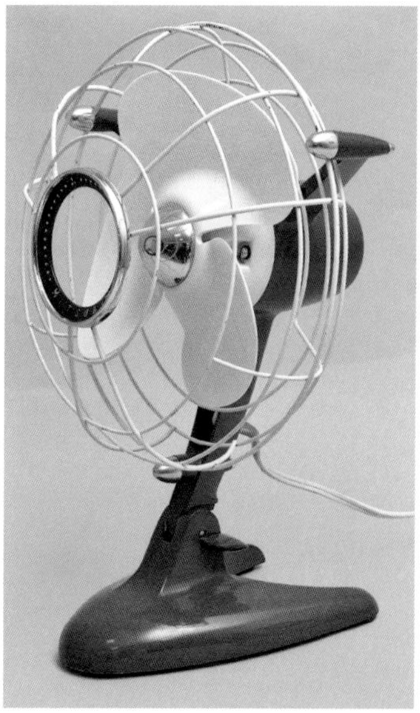

昭和35年、日本航空では初めてのジェット機が東京－サンフランシスコ間に、翌36年には国内線の羽田－千歳間に就航しました。千歳まで2時間15分かかっていたものが1時間半と大幅に短縮、本格的なジェット旅客機の時代がやってきました。その頃“ジェット”という言葉の響きには、時代の先端やカッコよさが感じられたのでしょう。

三菱電機では昭和34年から、扇風機を「宇宙時代にふさわしいジェットスタイル」として、（一部機種の）モーターの意匠を、ジェット機のエンジンを模したジェット型モートルにして颯爽としたイメージにしました。

昭和39年 ミロのビーナスが来日

フマキラー

ライト付電気蚊取り「ベープライト」

昭和40年　980円（マット30枚付）

「ミロのビーナス」を一目見ようと多くの人が押しかけた（写真提供：共同通信）

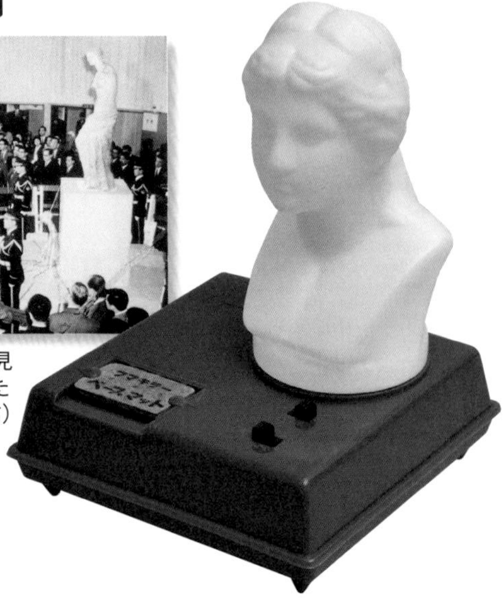

昭和39年にミロのビーナス像が来日。東京と京都を巡回して入場者数は172万人と、大きな話題となりました。おなじみの電気蚊取り「ベープ」にビーナス像のライトがついています。取扱説明書には「気品あるビーナス像はそのままでお部屋のアクセサリーになります」。なんでもビーナス像は紀元前1世紀頃、ギリシャで作られたんだそうですが、まさか2000年後、遠く離れた日本で電気蚊取り器のライトに使われるとは思わなかったでしょうねぇ〜。

昭和41年 丙午で出生数が前年から50万人の減少

松下（現 パナソニック）

ベビーポット

NC-58B　昭和42年　2,450円

丙午の翌年はベビーブームで、東京駅の新婚旅行に向かうカップルの見送り風景がニュースに（写真提供：共同通信）

昭和41年は丙午《ひのえうま》……。丙午とは「干支の43番目。この年は火災が多く、またこの年に生まれた女性は気が強く、夫を食い殺すという迷信があった」（『デジタル大辞泉』）。そんな迷信が信じられていたのでしょう。前年の出生数が182万人だったのに対して、この年は136万人と大きく減りました。

翌42年は、その反動から多くの赤ちゃんが誕生するだろうと、このベビーポットが発売されました。さて、その42年の出生数は193万人と予想通り大きく増えました。このベビーポットも多くのお母さんに喜ばれたことでしょう。

昭和45年 大阪万博開催

「月の石」などアポロ計画の展示で人気を呼んだアメリカ館（写真提供：日刊工業新聞／共同通信イメージズ）

松下（現 パナソニック）

トランジスタラジオ「パナペット70」

R-70　昭和45年　3,900円

大阪万博を記念して発売されたラジオにふさわしく、近未来を思わせるデザインです。チェーンの輪に指をかければ、歩きながら屋外でもラジオを聴くことができる……。

音を携帯するという、今につながる新たな楽しみ方を提案した、先駆けのような製品です。

昭和51年 コンコルド就航

英仏が共同で開発した夢の超音速旅客機コンコルド

シャープ

コンコルド型 電動鉛筆削り器

EK-405　昭和50年　5,480円

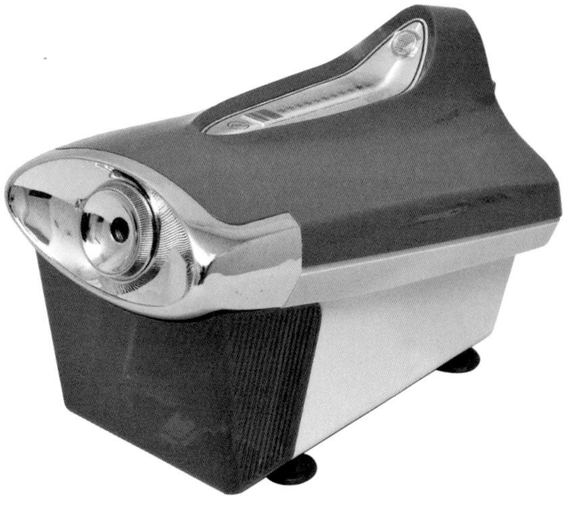

この鉛筆削り器が発売された翌年、世界初の超音速旅客機コンコルドが就航を開始しました。「スマートなデザインは子供好みのコンコルド（ジェット機）タイプ」（『シャープニュース』昭和50年2月）。スタイリッシュな外観は、きっと子供たちの憧れだったでしょう。　もちろんデザインだけでなく、ムダ削りを防ぐ機能や、ダストケースを抜くとスイッチが切れる安全設計、背面の鉛筆立てなど工夫がこらされています。

受験戦争の激化とともに、勉強のための家電が登場

「終戦っ子の進学ブームも一役　売れ足伸びる蛍光灯スタンド」(『電波新聞』昭和38年3月30日)。第一次ベビーブーム世代が受験を迎えた昭和30年代後半から40年代前半にかけて、各社から受験生向けの家電が発売されはじめました。

お子様に真剣な勉強態度をうえつける

松下電工（現 パナソニック）

勉強時計

TE-52　昭和43年　4,450円

「試験に強くなる勉強時計」と銘打って発売されました。10～60分でセットした時間がくれば“チン”と鳴る。本番に備えてこれで練習問題を解いておけば「お子様に試験なれの自信と真剣な勉強態度をうえつける」(新聞広告)そうです。

右端の時間割が２日分あるのは、予習と復習をするために。そして夜中の２時になれば「月・火」から「火・水」へ自動で変わる機能もついていて、至れり尽くせり。きっと真剣な勉強態度が身についたことでしょう。

天井から風をおくれば、頭も涼しく成績もあがる

松下（現 パナソニック）

パーソナルファン（勉強用）

F-20YZ　昭和44年　3,900円

なぜゆえ「勉強用」なのか。この扇風機を天井から吊るして風をおくると、頭が涼しくなり勉強がはかどるので、勉強用と称したそうです。「涼風の中で楽しく勉強、成績もあがります」(全製品カタログ)。ホンマに成績が上がるのか、そのエビデンスはあるのか、などと無粋なことは言わぬが花。

それから半世紀……、勉強用扇風機で頭を冷やし、勉強時計で試験対策をして、料理保温器で夜食をとったお子様は、はたしてどんな大人になったのかな。

受験勉強のお夜食の保温に

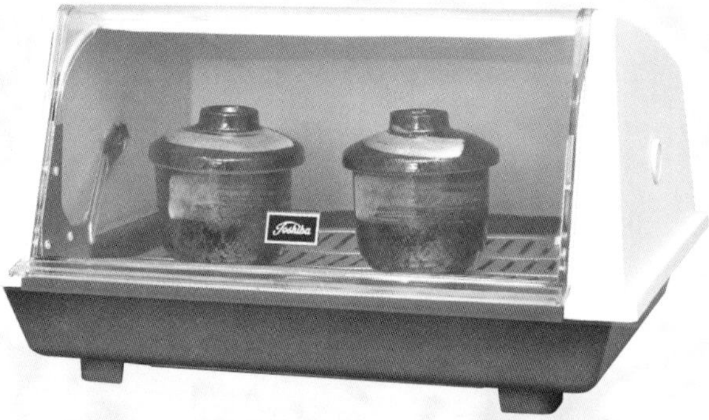

東芝

料理保温器

FK-101　昭和40年　2,900円

「いつでも　どのお部屋でも　暖かいおいしさ！」(新聞広告)ということで、これに夜食を入れて保温します。幅39㎝・奥行き33㎝小型、また耐熱プラスチック製と軽量なので、「お母様の心づくしのお夜食をそのまま勉強部屋に運べます」。まさに受験勉強のお夜食にピッタリです。

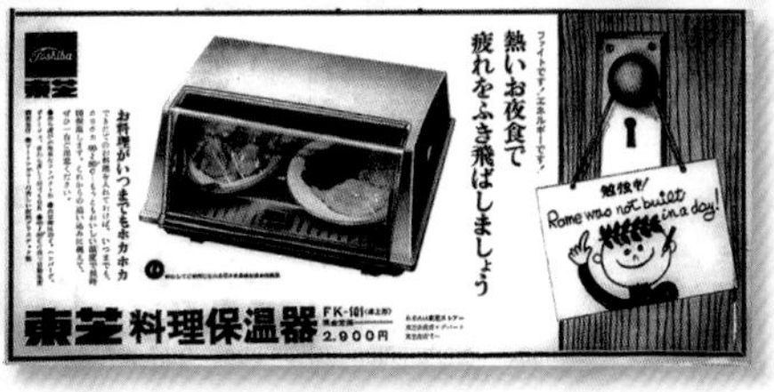

もちろん「夜遅くお帰りになるご主人に、温めなおす手間がいりません」と、お父さんに向けても。でもお子様には“心づくし”で、お父さんには“手間がいりません”なんですね……。

お勉強が楽しくなる蛍光灯スタンド

松下（現 パナソニック）

蛍光灯スタンド

FS-174　昭和43年頃　950円

プライスカードには「お勉強がたのしくなる！」と。私ごとですが、発売から２年後の昭和45年、大阪市立清水小学校に入学しました。この蛍光灯スタンドを使っていれば、楽しく勉強ができていた……かもしれません。

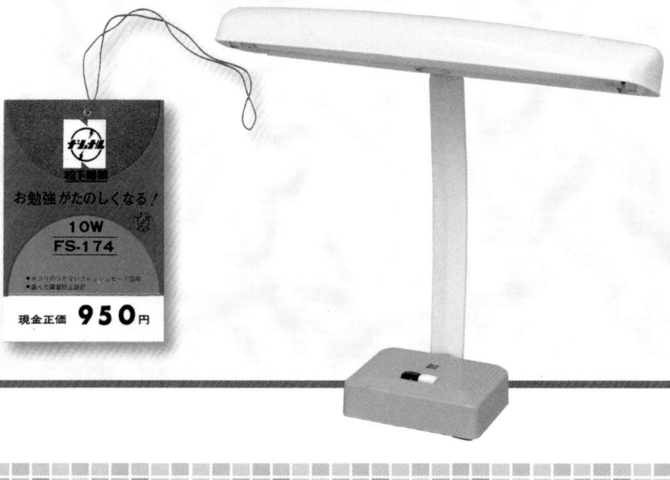

日立

電気保温皿（フタ、カバー付）

HZ-610　昭和42年頃
3,850円

より便利に、手軽に、多機能に、進化を続けるトースター

扉を開けてパンを裏返すターンオーバー式に始まり、裏返す必要のなくなったポップアップ式、パンを焦がしての夫婦ゲンカを解消した!? ウォーキング式、そしてポップアップ式は手動から自動へ、さらには調理もできるオーブントースター。食卓の朝をより便利に、よりおいしく……進化を続けるトースターです。

扉を開閉してパンの両面を焼く初期型トースター……ターンオーバー式

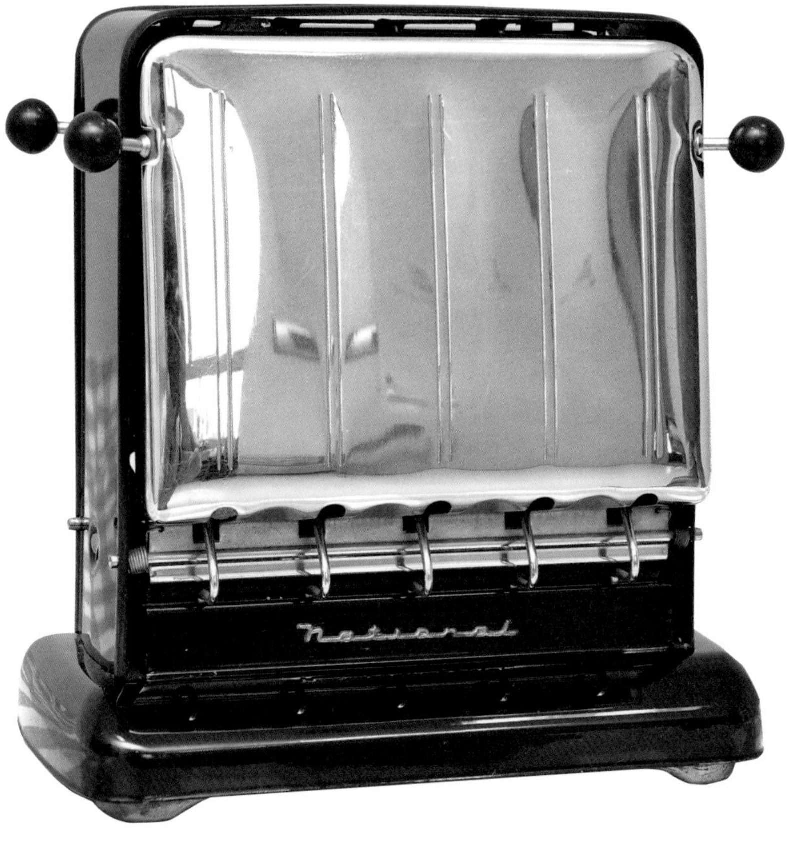

松下（現 パナソニック）

実用型トースター

#4801　昭和29年　1,380円

これは初期型のトースターです。登場したのは20世紀の初頭、発明したのは、かのエジソンとされています。そのパンを焼く仕組みは……、トースターの扉を開けるとパンがすべって裏返しになり、再び扉を閉じてもう片面を焼く。こうすれば扉を開閉するだけで、パンの両面が焼けるというわけです。

しかし『暮しの手帖』の花森安治さんによれば、この頃のトースターについて「不便で、しかもアミで焼いた方がうまく焼ける」（『朝日新聞』昭和29年8月29日）……とテキビシイご意見もありました。

❶食パンを置き扉を閉めて片側を焼きます
❷❸片側が焼けたら扉を開きます。食パンがするりと（矢印の方向に）滑って焼けていない側が上に
❹扉を閉めて反対側を焼きます
❺しばらく待てば焼き上がりです

2枚のパンを裏表同時に裏返す手間が不要になった……ポップアップ式

松下（現 パナソニック）

二連式トースター

型番不明　昭和30年　2,480円

ターンオーバー式のような扉の開閉が不要で、トースターにパンをセットするだけで、両面が同時に焼けるようになりました。焼け具合をみて、手動でレバーを上げてパンを出します。パンを“ポン”と出すのでポップアップ式。昭和30年頃からは国産のものも発売されはじめました。

当時、ポップアップ式の主流は手動タイプ。今のように、焼き上がると自動的にパンが上に飛び出すものは、まだまだ高価でした。それでも両面が同時に焼けるようになったので、ずいぶん手間が少なくなりました。

自動じゃないので手で上げないといけません

パンを焦がして朝からの夫婦ゲンカを解消した!?
…… ウォーキング式

東芝

ウォーキング式
トースター

WT-2　昭和34年　3,700円

当時のポップアップ式は、焼き上がりを見計らって手動でパンを上げるものが一般的。そのため、上げるのをつい忘れてしまい、パンを焦がして朝から夫婦ゲンカ……。そこで登場したのがこのウォーキング式。
これはパンがコンベアにのってトースター内を自動的に運ばれ、焼き上がって出てくる仕組みです。「パンが送り出されるので、途中でお忘れになりましてもパンがコゲるようなことがありません」（取扱説明書）。
コンベアがあるぶん一回り大きなサイズになってしまいます。また価格も手動のポップアップ式の1500円前後に対し3700円と高額なこともあり、あまり普及はしなかったようです。

4

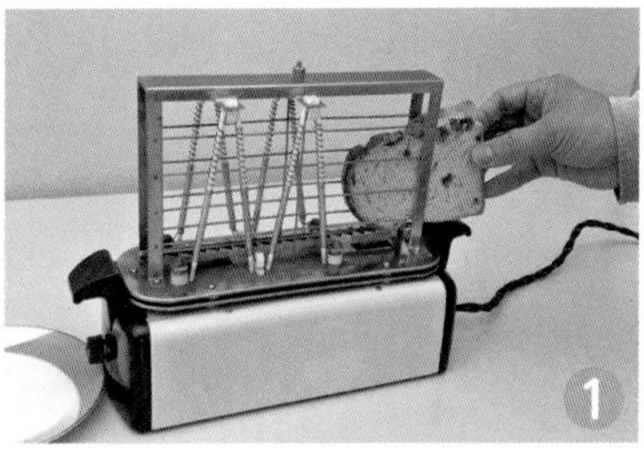
1

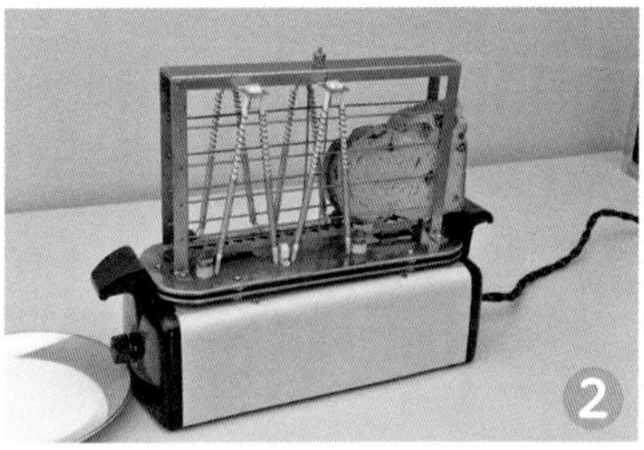
2

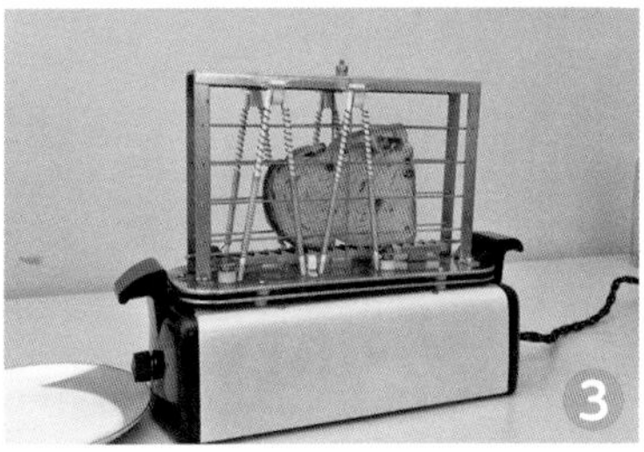
3

❶食パンは上ではなく横から入れます
❷❸食パンがゆっくりウォーキングで進みます
❹反対側から出てくる時にはいい具合の焼き加減です

トースターにオーブン機能を追加……今に続くトースターの一台二役

東芝

トースター（オーブン式）

HTR-650　昭和43年頃　3,600円

昭和30年代後半、従来のトースターをオーブン型にしたオーブントースターが各社から発売されました。食パンだけでなく、厚切りパンやホットドックなどいろんなパンもトーストできる。またオーブン機能があるのでモチを焼いたり、グラタンなどの調理もできるようになりました。
「朝はトースト　夜はオーブン」（『松下電器 新製品タイムス』昭和37年10月）ということで、これら製品は今に続くトースターの一台二役です。

食パンもいろいろ、イギリスパンだって そのまま焼ける…… 一連式

松下（現 パナソニック）

一連式自動トースター

NT-656　昭和44年頃　2,900円

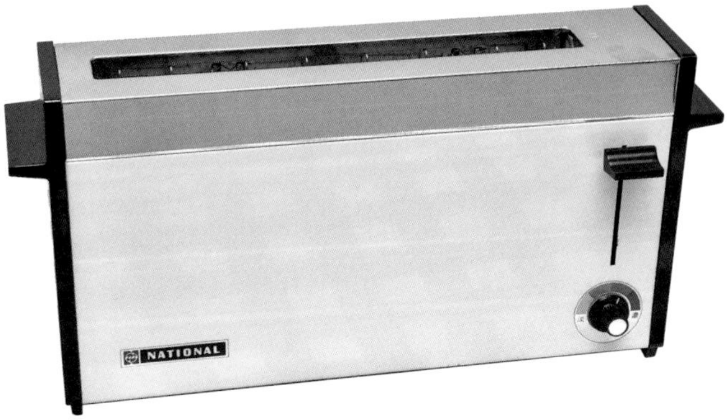

二連式では上部が飛び出していたイギリスパンも、一連式ならこの通りしっかりと焼けます

パンの入れ口が大きいので、イギリスパン（山型食パン）のように長いサイズのものでも、そのまま焼くことができます。もちろん四角い食パン（角型食パン）も横に並べて２枚を焼くことができます。また従来の二連式とくらべて奥行きがスリムなので、場所をとらない……。

パンの生産量は昭和35年から昭和45年の10年間で、63万トンから97万トンへと約50%増えました。そんなパン食の普及という事情にあわせて、いろんなパンが登場し、いろんな工夫がされたトースターが出てきました。

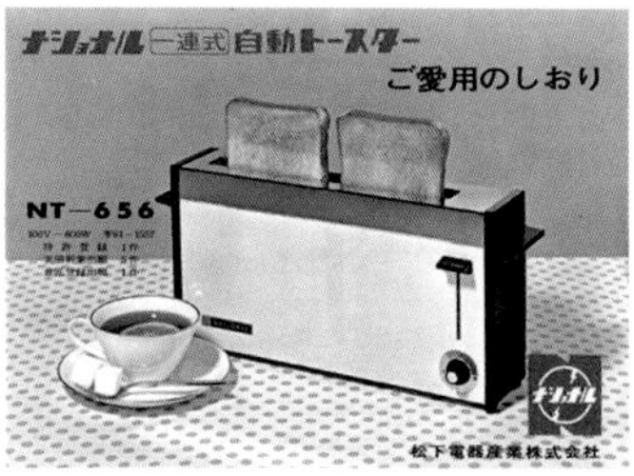

松下（現 パナソニック）

２連式トースター

2TK　昭和32年　1,700円

早川（現 シャープ）

トースター「モーニン」

KB-609　昭和40年頃　1,690円

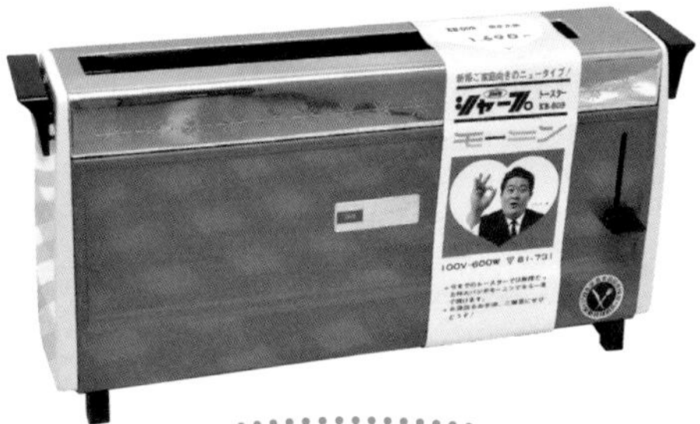

昭和30年代後半から、シャープの広告キャラクターに起用されていたフランキー堺さん

神戸のパン屋の片隅で50年
街の移り変わりを見続けた電子レンジ

日本では昭和36年に業務用電子レンジの発売が始まりました。この「電子レンジ NE-600」は、将来の一般家庭への普及を見すえ、初めて家庭用の100V電源でも使えるようにしました。そのレンジを50年にわたって使ってきたパン屋さんが神戸にあります。

松下（現 パナソニック）
電子レンジ　NE-600
昭和40年　298,000円

そのお店は孝月堂パン。現在は、学校給食へのコッペパンや米飯の製造が専業ですが、小売りもしていた頃は、ちょっと懐かしい昭和のパン屋さんという風情のお店でした。創業した岩橋育男さんは大正12年生まれの御年96歳。

※※※

戦後、中国から復員した岩橋さんは、昭和23年に実家の和菓子屋を商売替えしてパン屋を始めることに。朝は苦手でしたが「あの頃は、夕方6時から朝6時までしか電気が送られてこんかった。朝になるとパタっと電気止まってしもてな。そやからパンは夜中に焼くもの。朝弱いんでちょうど良かったんや」。

パン屋を始めてみると、「その時分は朝並べておくと2～3時間で全部売れました。材料さえあればなんぼでも売れました」。とは言え、当時、パン生地をこねるミキサーなどあるはずもなく、戦地で貫通銃創を負った身体でのパン作りには苦労もされたことでしょう。

時は流れて昭和40年……「あの頃は、商売がわりとうまいこといってました。神戸から日新丸という捕鯨船が出てて、そこへパンを納めたり」。そんな頃、電器屋さんの勧めで電子レンジを購入することに。評判は上々で「あの時分は焼きたてのパンを売る店は少なかったので、あったかいもんを食べてもらおうと、レンジで温めてました」

※※※

さらに時は流れ、平成27年……。

支店の1台は、立ち退きで閉店になるまで働きました。岩橋さんとともに50年間を働き続けた電子レンジ。神戸の街の移り変わりもパン屋の片隅で見続けました。今日は、この本のために写真撮影。ちょっと嬉しそうです。

贈り物に蛍光灯スタンド

昭和 20 年代の後半に入り、従来の白熱電球に代わり蛍光灯が普及してきました。
熱くならない、寿命が長い、そして明るいことから、
モダン・近代的というイメージがあったようで、
蛍光灯スタンドが入学や就職祝いなど贈答品としても利用されました。
そのため見た目も楽しいユニークなスタンドが揃いました。

電気スタンドと本立ての一台二役

早川（現 シャープ）

本立型スタンド

SH-11B　昭和33年　1,490円

本立てと蛍光灯スタンドを兼ねた「斬新なブックスタンドスタイル」。その言葉通り、読書週間の始まりに合わせて秋に発売されました。本立て以外にも生活場面に応じた使い道が提案されました。「ティーンエイジャーのお嬢様なら必需品プラス“ペット”として、本立ではありますが本を置く代わりにあまり大きくないケース入りのフランス人形を置いたり……」（『シャープニュース』昭和33年9月）。

ちなみにペットとは、新明解国語辞典によると「その家庭で、家族の一員のようにかわいがる（小）動物」。当時は蛍光灯スタンドが、家族の一員のようなかわいい大切なものという捉《とら》え方もされていたんですね。

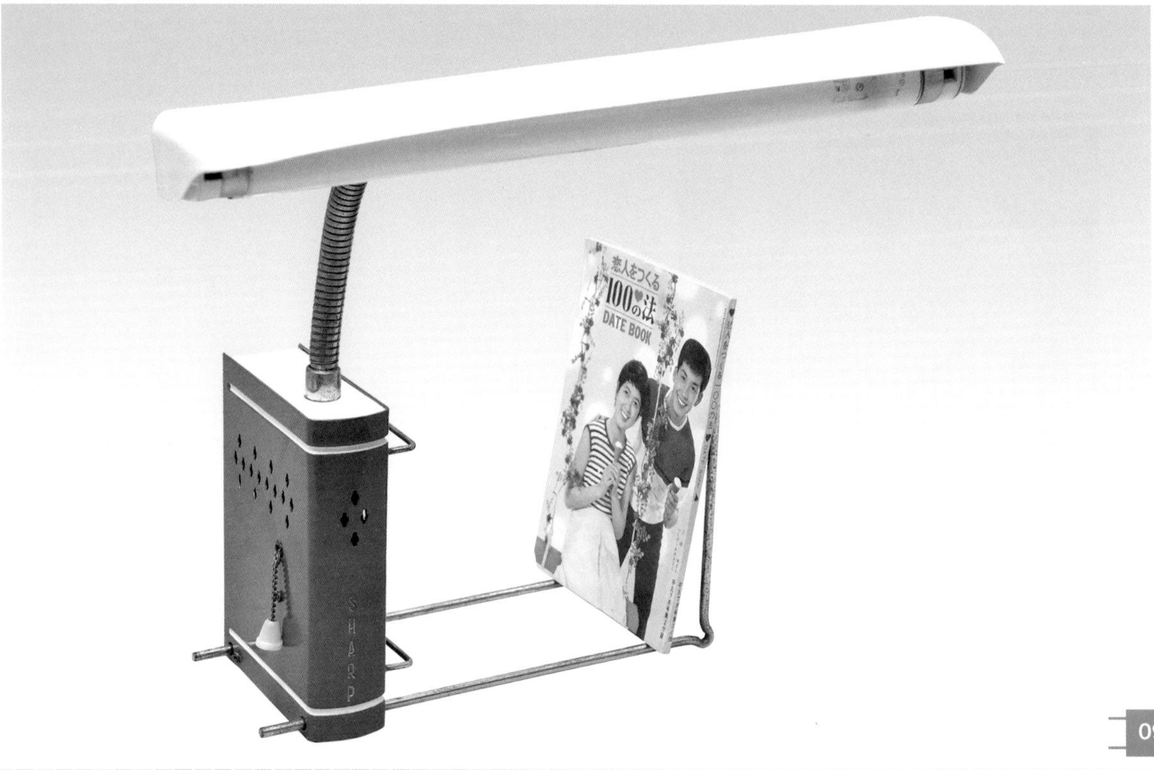

女学生向けに美しいお花がつきました

松下（現 パナソニック）

蛍光灯スタンド（花電球付）

F-1083　昭和32年　1,470円

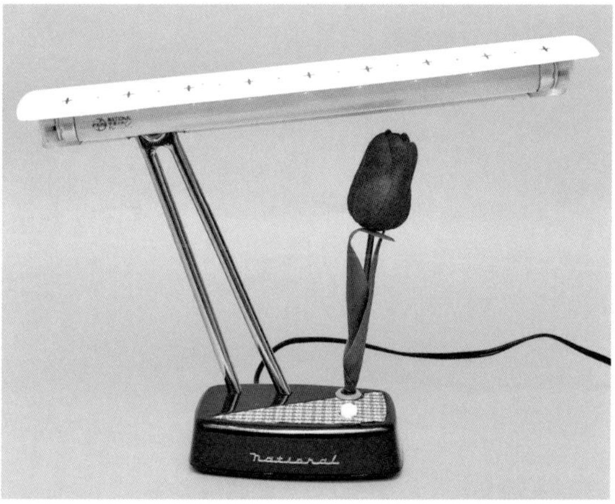

「美しい花付スタンド　女学生向」として発売されたこの蛍光灯スタンド。チューリップの中には豆電球が入っていて、花びらの中でほのかに点灯します。花電球との名前通り、お部屋へあたたかな雰囲気をかもし出したことでしょう。

チューリップの花の色のバリエーションは赤・白・黄色。童謡「チューリップ」の歌詞♪～ならんだ ならんだ あか しろ きいろ～♪に合わせたんでしょうか。

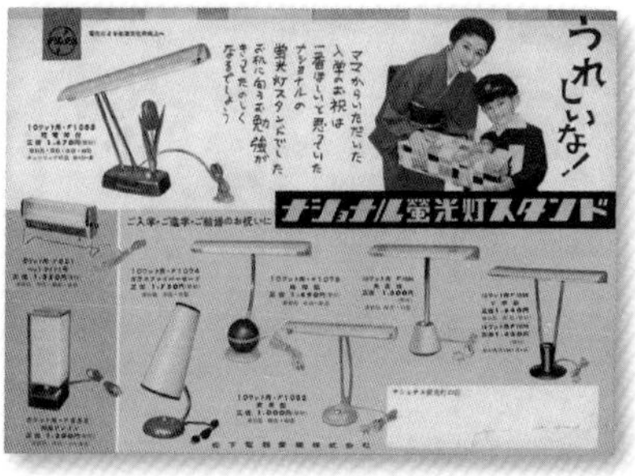

バラブームが家電界にもやってきた

松下（現 パナソニック）

蛍光灯スタンド（バラ・花挿・豆電球付）

FS-104　昭和34年　1,300円

ほんのりと淡い光が優雅さを演出

戦後の混乱も一段落、昭和20年代後半からバラブームが起こりました。デパートではバラ展が開催され、また昭和30年には、ひらかたパークに東洋一と言われたバラ園が完成。続いて昭和32年に谷津遊園、昭和33年に向ヶ丘遊園（こちらも開設時は東洋一のバラ苑と賞されました）と各地にバラ園がオープンします。余談ですが髙島屋がバラの包装紙になったのは昭和27年……。

そんなバラブームの中、発売されたこの蛍光灯スタンド。優雅で気品ある雰囲気は好評だったようで、バラ付スタンドはモデルチェンジを経ながら長く発売されました。

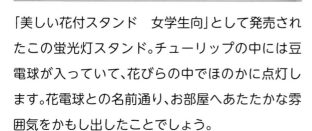

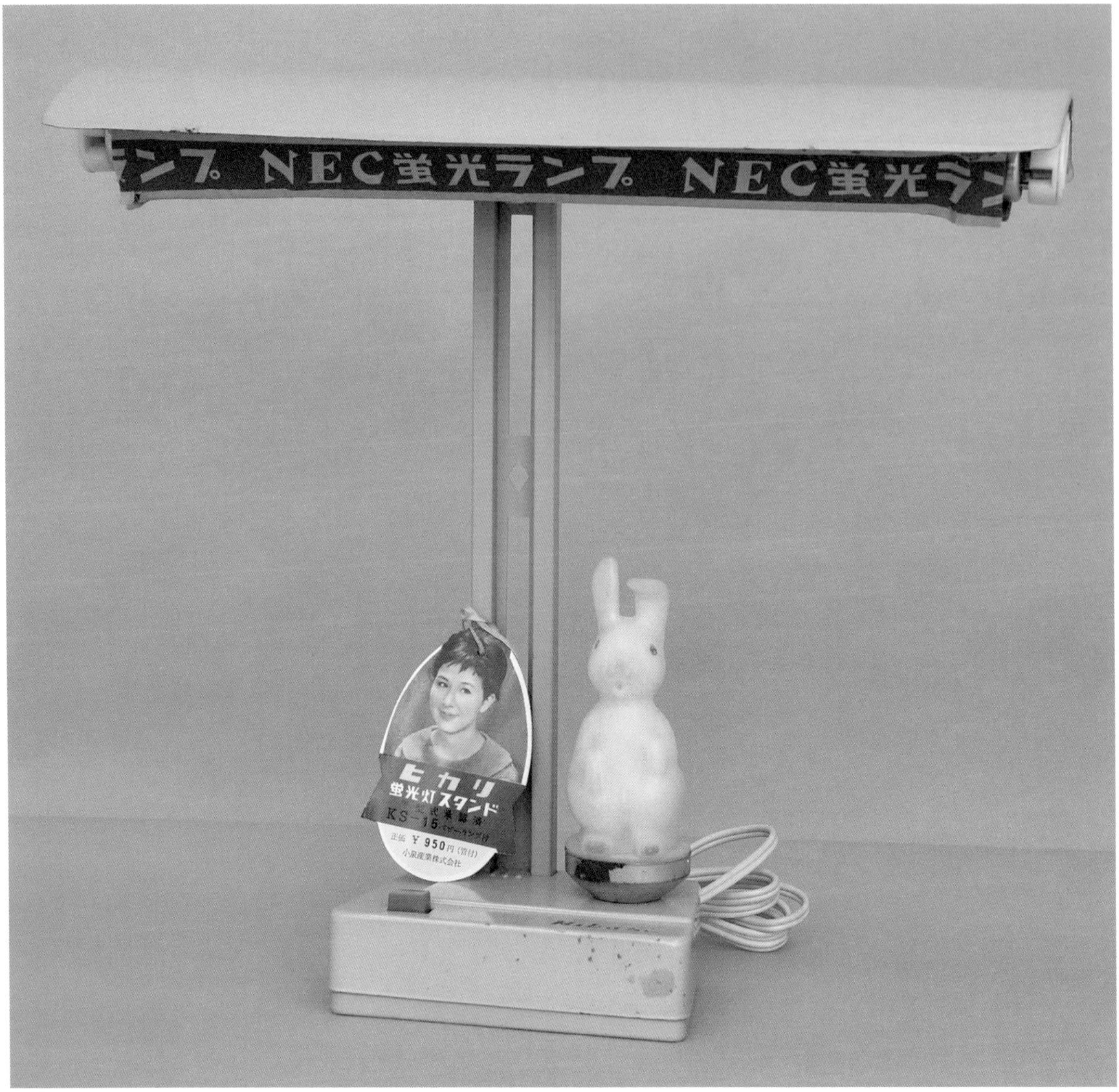

ウサギは月ではなくて蛍光灯を見て跳ねる!?

発売 小泉産業（現 コイズミ照明）
製造 光電器製作所

ヒカリ蛍光灯スタンド（ベビーランプ付）

KS-15　昭和39年頃　950円

小泉産業のスタンドがなぜ「ヒカリ」……戦後、ポットやこたつなど電熱器を製造していた小泉産業。「これからは蛍光灯の時代が来る」と考え、同じ大阪で蛍光灯照明を手がけていた光電器製作所や中野電器などに協力工場になってもらい、その名を冠して「ヒカリ照明器具」のブランドで発売を開始しました。

今も小泉産業は照明器具や家具、そして光電器製作所と中野電器はLEDでご盛業中です。

愛らしいペンギンがよちよち歩きだしそう

発売 小泉産業（現 コイズミ照明）
製造 中野電器

ヒカリ蛍光灯スタンド（ペンギン保安球付）

KS-11C　昭和32年頃　1,250円

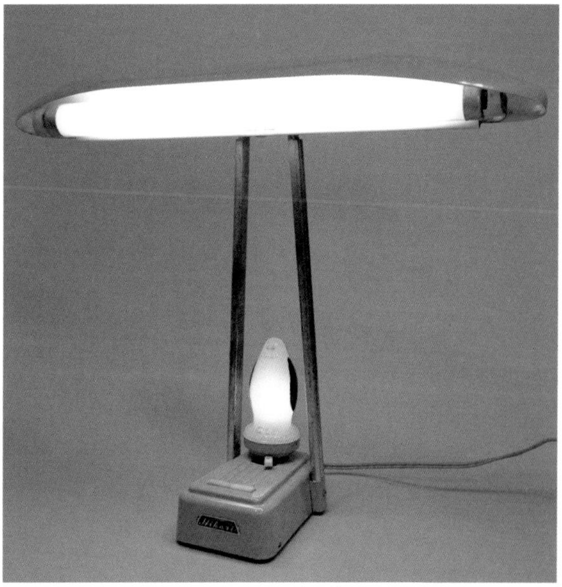

くちばしや
翼を着色。
仕事が
丁寧です

保安球のガラスセードが、かわいいペンギンの形になっています。このスタンドが発売された昭和32年は国際地球観測年。宇宙線・氷河・太陽活動など12項目が大規模な国際協力で観測されました。このプロジェクトに参加した日本は、第一次南極観測隊が上陸し昭和基地を建設しました。そして越冬隊のニュースが日本中の大きな注目を浴びた年でした。このスタンドのペンギンは、それにあやかってのものかもしれませんね。

積木のお城をイメージした台座は子供に人気だった？

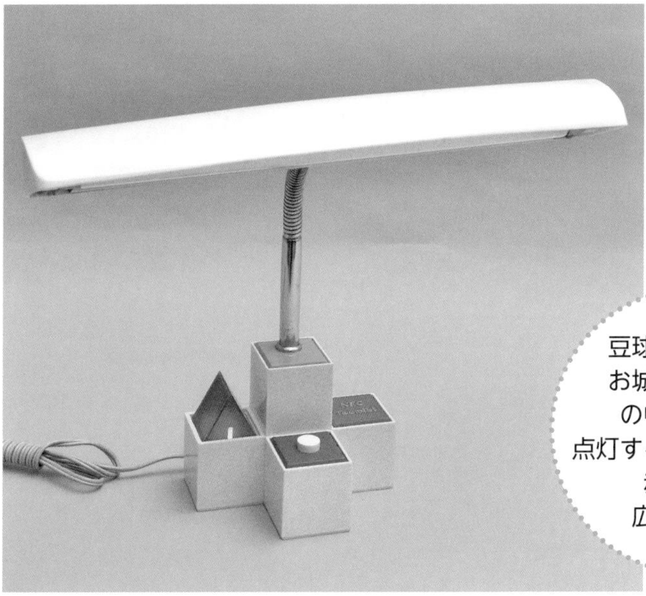

NEC

10W蛍光灯スタンド「Tsumiki」

QS-1132　昭和44年　1,590円

豆球（保安球）は
お城の三角屋根
の中にあり、
点灯するとあたたかな
赤い光が
広がります

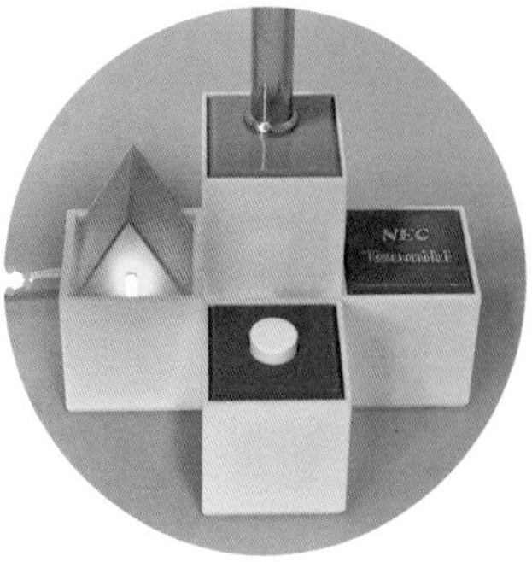

仕事中も日曜のゴルフをずっと考えてしまう……

東芝

ホームスタンド（ゴルフ形）

FO-1405　昭和34年　1,350円

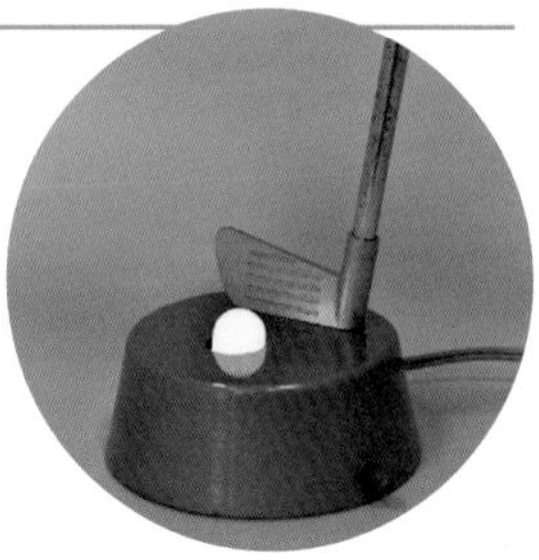

スタンドの支柱がゴルフクラブを、そして豆電球がゴルフボールを模しています。このスタンドが発売されたのは昭和34年。この年、ゴルフ場の延べ利用者数は333万人※。ここから平成4年の1億232万人まで長い年月をかけて、大きく増えてゆきました。このスタンドも当時、ゴルフの景品に喜ばれたことでしょう。

昭和30年代後半、東京観光の王道“はとバス”に「ボーリング・ゴルフコース」というのがありました。東京ボーリングセンター・高輪ゴルフ場を4時間で巡り、夕食・ゲーム代込みで600円。観光バスに乗って、ボーリングとゴルフと食事を楽しむという、なんともゴージャスというか、盛りだくさんな一日です。

※日本ゴルフ場経営者協会調べ

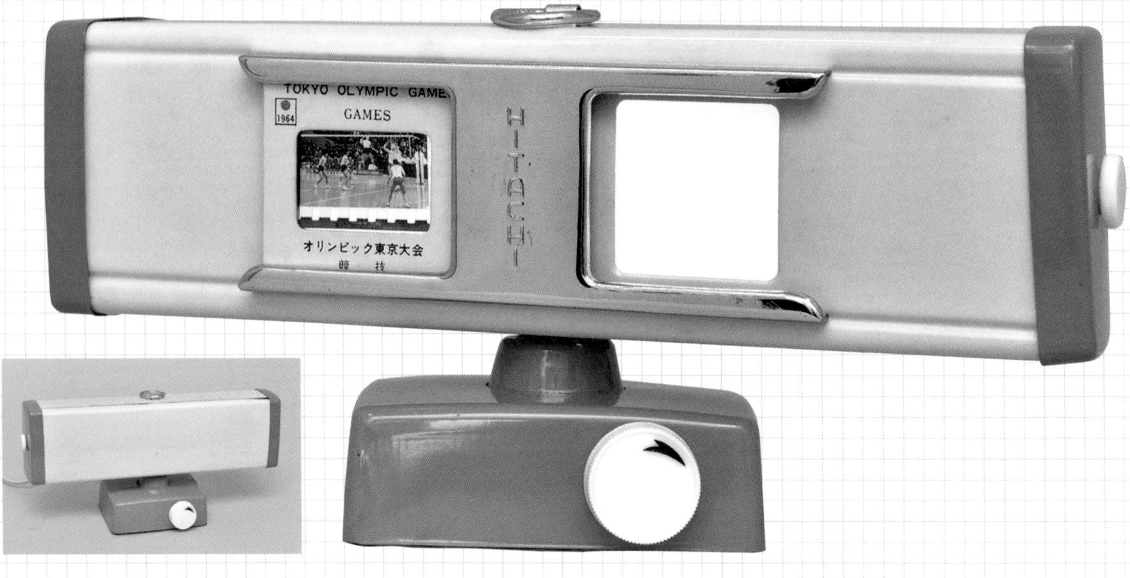

気分だけでもヨットに乗って波の上

日立

ヨット型蛍光灯スタンド「ムーンライト」

114型　昭和43年　1,600円

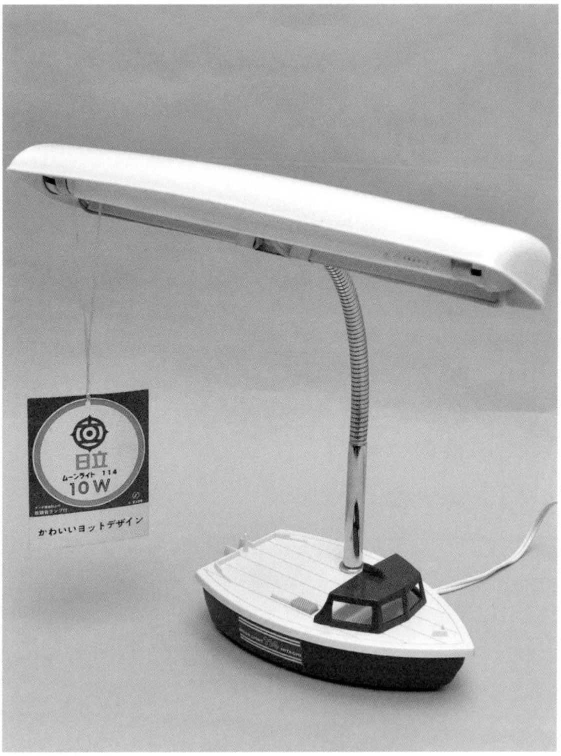

「マーメイド号、コラーサ号の大洋横断がきっかけでヨットへの関心が高まっていたところへ、最近のレジャーブームでヨットは大衆化の一途……」(『毎日新聞』昭和43年5月21日)と、この蛍光灯スタンドが発売された昭和43年当時、ヨットへの憧れが広がってきたようです。同年6月、朝日新聞に載ったヨット関連の記事を見てみると、10日「また太平洋横断 ひとり旅の米人ヨット」、16日「太平洋１周めざし船出　ヨットのカナダ人」、23日「ミニヨットで大西洋横断に成功　米飛行士が単独で」……。

そんな流行を反映したのでしょうか。ヨットを持つことはハードルが高そうですが、暑い夏にこのスタンドをながめて、気分だけでも波の上です。

枕元スタンド……ひっくり返せばスライドモニター

日立

6Wスタンド(シースライド式)

8形　昭和36年　1,250円

小型の６W蛍光灯を使い、「寝室の枕元灯に最適」として売り出されていました。一見すると枕元スタンドなのですが、ランプ部分をぐるっと180度回転させると、裏側はスライドを差し込めるようにもなっていて、いわば一台二役の「スライドモニター兼用の枕元灯」。

DVDはもちろん家庭用ビデオもなかった当時、スライドは企業の宣伝や自治体での広報などいろんな場面で使われました。また家庭でも楽しめるように子供向けの物語、名所案内や博覧会の記録と多彩なスライドが販売されていました。夜、家族が寝静まったあと、この枕元灯を回転させて、教養ある紳士向けのスライドをこっそりと鑑賞したお父さんもいたことでしょう。

扇風機は一家に一台から一人一台へ

昭和 40 年、扇風機の普及率は 50% を超えました。ラジオやテレビが普及するにしたがい、一家に一台から一人一台へとなっていったように、扇風機も昭和 40 年代に入り、一家に一台から一部屋に一台へ、さらには生活の場面ごとに一台という広がりをみせました。

ガードをなくして羽根を軟らかく……逆転の発想

松下（現 パナソニック）

卓上扇「マイファン」

F-20PE　昭和39年　4,600円

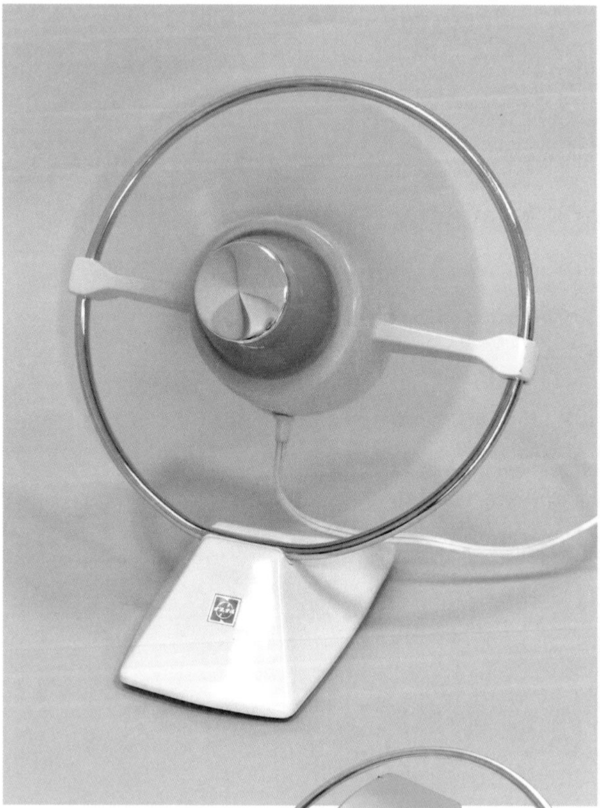

昭和30年代の扇風機のガードには、凝ったデザインのものが多くみられます。しかしそれではスキ間の広い箇所ができてしまいます。やがて安全性や製造コストが重視されるようになり、今のような放射状のものに移ってゆきました。そんな頃に登場したこの“マイファン”。ガードを細かくという流れに逆らい、それならば「ガードをなくして羽根を軟らかく」と軟質ビニールの羽根にした、いわば逆転の発想の製品でした。

羽根がグニャリ。これなら当たっても痛くありません

ところで回っている羽根に指を当ててみると……やはり軟質ビニールとはいえ、ちょっと痛い！　きっと発売された当時も、子どもはもちろん大人も一度は指を当ててみたんでしょうね。

5秒ごとに強い風と弱い風……風がまたたくウインク扇

東芝

20cm標準扇「コスモス」

ED　昭和36年　6,900円

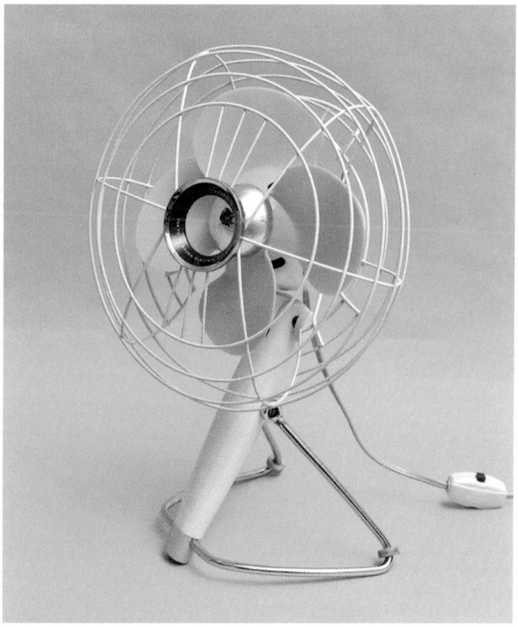

モーターの上側には「連続」と「断続」の切替スイッチがあります。これを連続側にすると一般の扇風機と同様に羽根が同じ速さで回り、一定した強さの風が出ます。かたや断続側にすると５秒は羽根が速く回り、次の５秒は遅く回ります。つまり５秒ごとに強い風と弱い風が交互に出るいわば間欠扇風機に。

なぜこのような仕掛けにしたのか……。強い風と弱い風を交互に送ることによって、より涼しさを与えるそうです。名づけて「風がまたたくウインク扇」(『東芝85年史』昭和38年)。風の強弱をウインクに例えるなんて、斬新なデザインとともにこの扇風機がいかにオシャレだったのかが分かります。

壁に掛けて、天井から吊るして、置台にのせて…使い方いろいろ

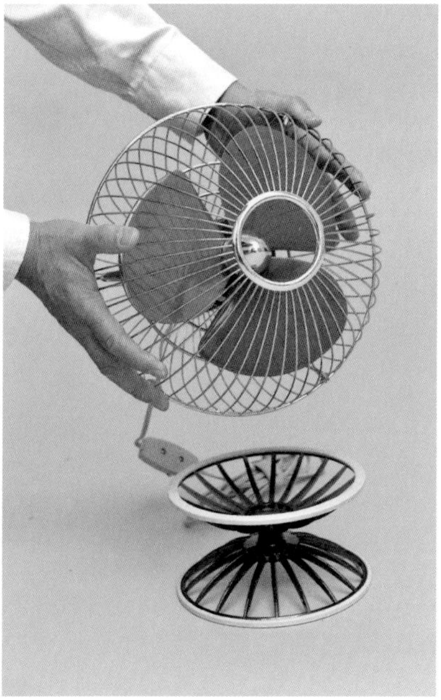

日立

壁掛け扇「風てまり」

B-445　昭和44年　本体4,500円　置台700円

手まりの形をした扇風機ということで愛称は“風てまり”。その使い方は壁に掛けてのほか、天井から吊るして、また専用の置台にのせてテーブルの上と、アイデア次第でいろんな使い方が楽しめるとういことで“風のニューアイデア”と宣伝されました。そして販売店に向けては「子ども部屋やヤングレディーの部屋にすすめていただきたい」と。それから半世紀……。令和のナウ・フィーリングにもマッチしそうな楽しい扇風機です。

ラインフローファンを採用……
平行に流れる風でヘアースタイルが乱れない

三菱

卓上扇「クールライン」

D6-R　昭和41年　3,900円

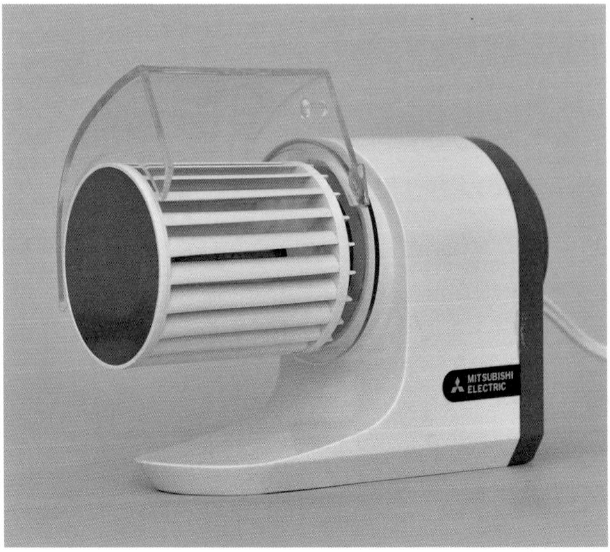

キャッチフレーズは「不思議な風の扇風機」。イギリスのファース・クリーブランド社と技術提携して誕生しました。従来の扇風機と違い、ラインフローファンとよばれる羽根を使いました。今のエアコンと同じ仕組みのファンです。カタログには「風が平行に流れるため、書類が飛ぶ　ヘヤースタイルがみだれる　そのような心配のないふしぎな扇風機です」。このあとには、そのラインフローファンを採用したルームクーラー「霧ヶ峰」が誕生しました。

平行に
流れる風で
ヘアースタイル
が乱れません

扇風機に蛍光灯スタンドをつけて……
枕元に置いて寝室用

松下（現 パナソニック）

パーソナルファン（寝室用）

F-10LZ　昭和44年　6,900円

扇風機に枕元灯ともなる10Wの蛍光灯を組みいれて、寝室用の扇風機としました。「読書などをしながら、涼風をあびて…ここちよい眠りをさそいます」（新聞広告）。この扇風機の発売された昭和44年のルームエアコンの普及率はわずかに4.7%でした。寝苦しい真夏の夜に、この扇風機は活躍したことでしょう。

横から吸い込んで前面から帯状に風を出す……書類が飛ばない事務用

松下（現 パナソニック）

パーソナルファン（事務用）

F-10BG　昭和42年　6,700円

両端から風を吸い込み、前面から風を押し出すようになっています。従来の扇風機と違い指向性の強い（拡散しない）風なので、机の上の書類などを飛ばすことがないため“事務用”と称しました。

松下電器のパーソナルファンには、この事務用のほかに、汗でのお化粧くずれを防ぐ“化粧用”[※1]、10W蛍光灯がついて枕元灯にもなる“寝室用”、そして天井から吊るして頭を涼しくする“勉強用”[※2]などがありました。

線香の煙がす～っ
と吸いこまれて
いきます

※1　110ページで紹介
※2　86ページで紹介

NATIONAL
0 1 2

机の下に置いて足先で ON・OFF……仕事の手を止めない

松下（現 パナソニック）

20センチ ステップ扇

F-20XE　昭和39年　5,900円

つま先でON・OFFのスイッチ操作ができる扇風機。この扇風機を机の下やミシンの下などに置けば、涼しく仕事ができるというのがセールスポイントです。そして手元で操作しないので、仕事の手を止めなくても大丈夫というのも便利そうです。ほかにも同じように椅子に座ったまま、つま先でスイッチを操作してON・OFFをする足温器（東芝製）という製品もありました。

工事不要の換気扇……窓ガラスを切り抜くだけで取り付け OK

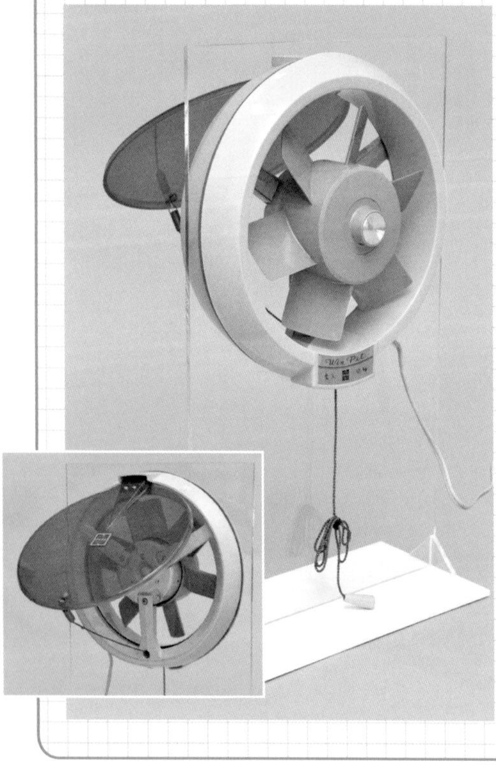

松下（現 パナソニック）

換気扇「ウインペット」

FV-20W1　昭和39年　6,500円

家庭用として本格的に換気扇が使われるようになったのは昭和33年のこと。公団住宅での台所の換気用として発売されたことがきっかけでした。以降、鉄筋コンクリートやアルミサッシなど気密性の高い住宅が増えたことで、需要が増えていきました。

この「ウインペット」は窓ガラス取り付け用の換気扇で、ガラスを切り抜くだけで簡単に取り付けができ、壁に穴をあけるなどの工事が不要という斬新なものでした。連動シャッタは明るいオレンジ色のプラスチック製という優美なデザイン。台所だけでなく応接間やお店などいろんな場所でも似合いそうです。

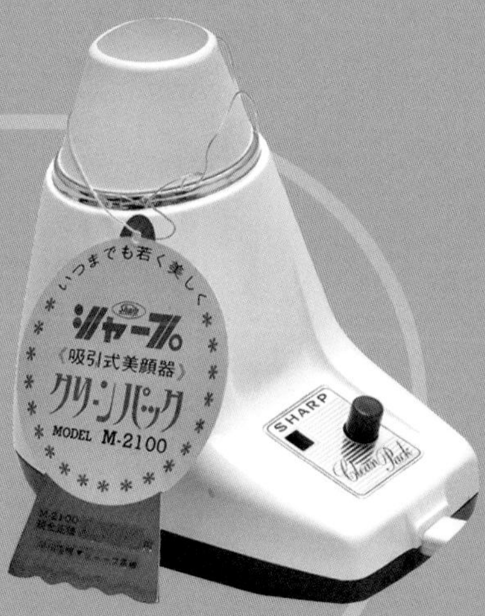

第5章

キレイになりたい

美しさを手助けする美容・健康家電

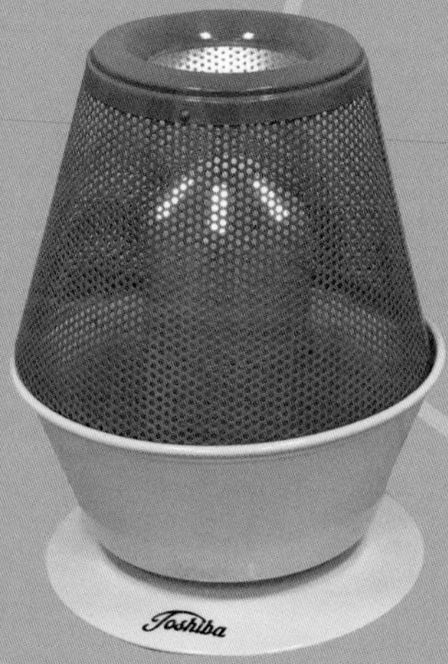

お化粧も電化時代！

戦後10年、人々の生活もようやく落ち着き、美容や健康にも関心が向きはじめたのでしょうか。この頃から、家電製品にも美容や健康への効果を謳ったいろいろな製品が登場し、さらに昭和40年代になってくると、より専門的な機能のものが出てきました。

フードをかぶって お洒落に髪の毛を乾かす

東芝

フード式ヘヤードライヤー

THD-31　昭和37年　5,000円

従来のドライヤーと違い、フード式にしたことで、髪全体を平均して熱風がやさしく包む。熱効率が良いので早く乾く。そして両手が空くので(右ページ写真)、ドライヤーをしながらでも家事や読書ができるんだそうで、まさしく時間の有効活用。
髪のクセを直したり、写真フィルムの現像後の乾燥など用途によっては、フードをつけずにホースだけを使います。当時、町の写真屋さんや写真が趣味の人は、自分でフィルムの現像をしていたんですよね。

スチームでお肌のハリを取り戻しましょう

松下（現 パナソニック）

美容スチーマ

MH-100S　昭和45年　6,800円

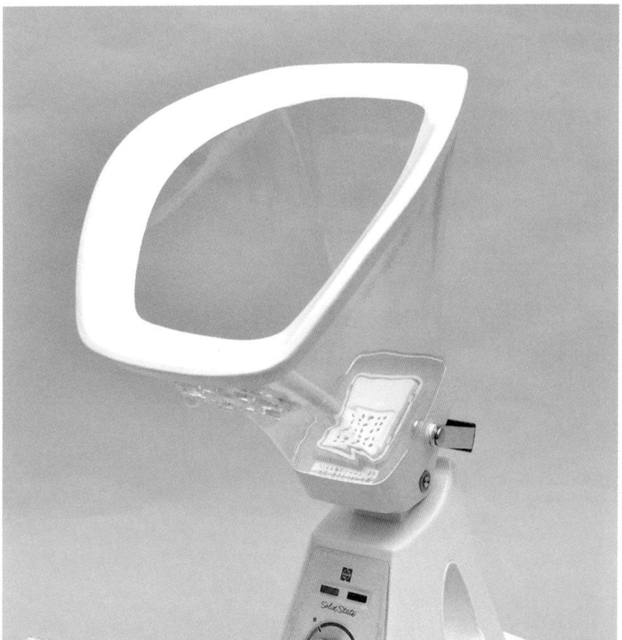

「美しくなりたいという女性の強い願いをかなえるために登場したユニークな新美容器具」ということで、一日3分間、これを使ってスチームを顔に当てると、毛穴の汚れを流して余分な皮脂をとり、そして血行をよくしてお肌が美しくなります……という製品です。今ではお肌の状態に合わせて、皮脂ケア・ハリ弾力などのコースを選べたり、スチームとともにアロマの香りを出しての癒やし効果など、より進化をして今日に続いています。

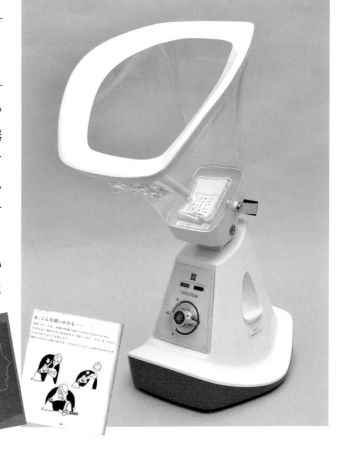

美容院の気分が家庭で味わえます

松下（現 パナソニック）

ヘアーセット

MH-1100　昭和46年　14,600円

「自由な時間に自由なセットが、美容室の雰囲気を味わいながら楽しめます」と、家にいながらにして美容院なみの乾燥をすることができる。季節や髪の具合によって温度と時間を自分の好みにセットができる。また高さが調節できるので、イスに座って、また床に座って……と自分の楽な姿勢で使うことができる、“家庭用サロン”のヘアーセットです。

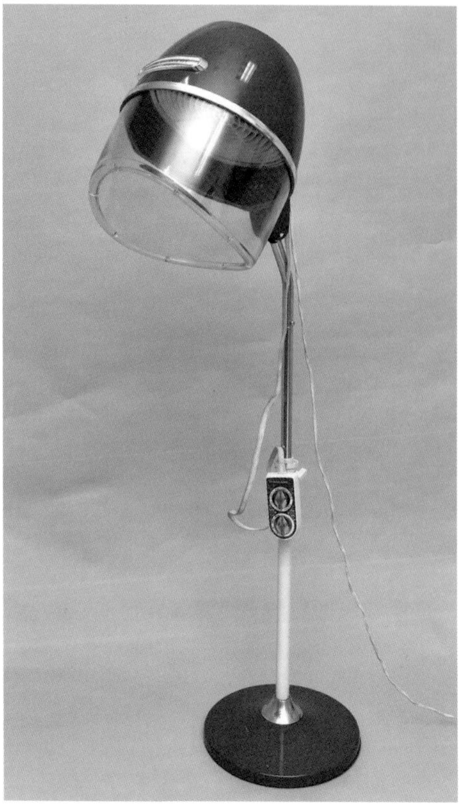

サザエさんのヘアーも思いのまま

松下電工（現 パナソニック）

ホットカーラーS

EH-82　昭和43年　5,500円

従来のアミカーラーと同じように使いますが、こちらはカーラーに蓄熱剤が入っているので、短時間でカールができるようになっています。「寒い朝でも10分でセットできるホットカーラー」ということで、朝忙しい皆さんに重宝されました。それから数年……、製品のイメージが、朝忙しい人が使うから、自分に合ったヘアスタイルが家庭でも手軽にできるになってゆき、「ヘアカーラー OL中心にウナギ登り 今年二百万の大台に」（『電波新聞』昭和46年3月1日）と、このホットカーラーをはじめ、カーラー全体の需要が広がりました。

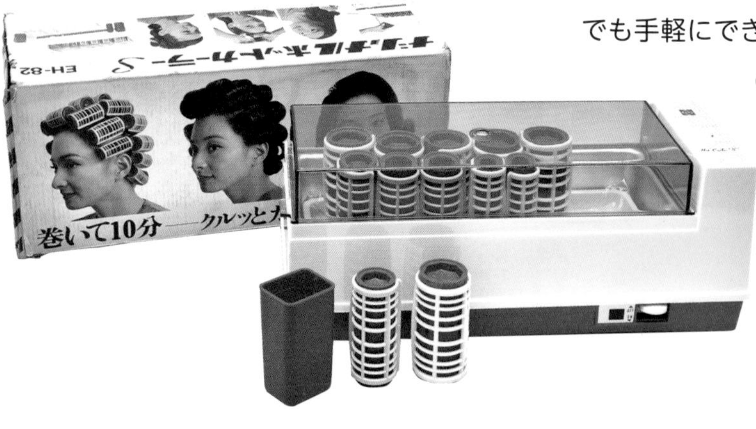

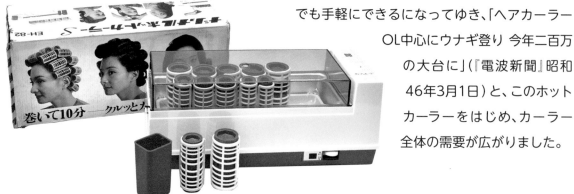

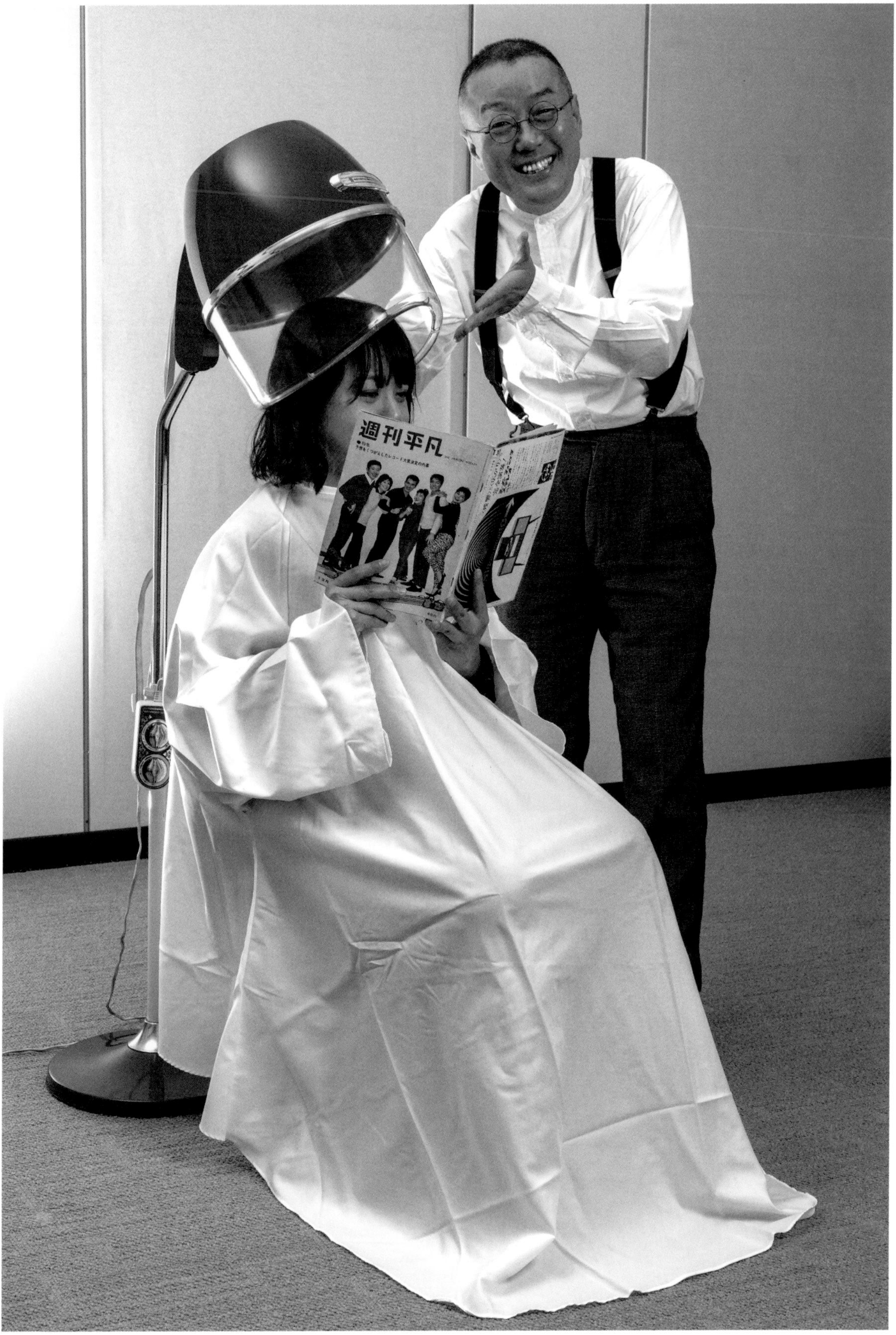
週刊平凡

照明のない鏡台に光源を簡単にプラス

松下（現 パナソニック）

鏡台用ペットライト

FS-115　昭和43年頃　2,000円

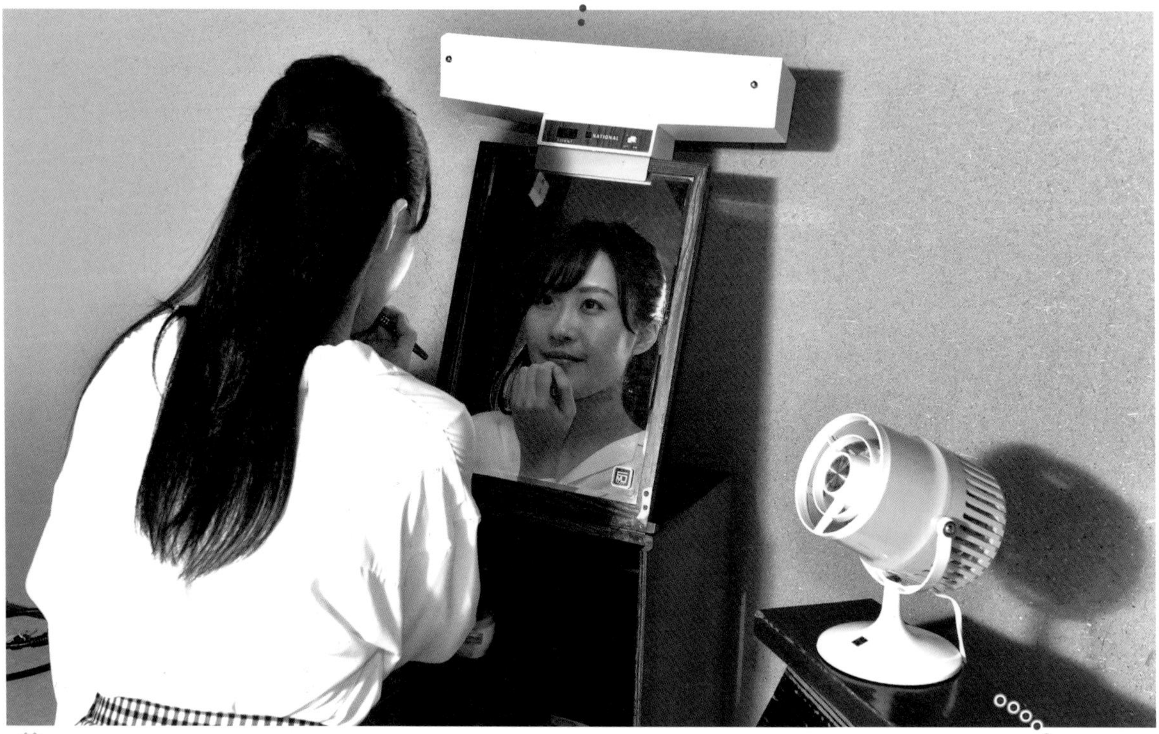

お化粧の大敵、汗を抑える扇風機

松下（現 パナソニック）

パーソナルファン(化粧用)

F-10SA　昭和45年　2,950円

「奥さま　お嬢さまの鏡台のマスコット」として発売された化粧用パーソナルファン。従来の扇風機と違い、羽根の形状の工夫により風が顔へピンポイントにあたるので、汗を抑えて、メイクをしている際の化粧崩れを防ぐことができるんだそうです。

発売された昭和45年、ルームエアコンの普及率は約6％でした。家庭での冷房がまだまだ珍しかった時代、夏場のお化粧のときなど、この化粧用扇風機は喜ばれたことでしょう。

メイクミラー　裏返すと常夜灯

松下（現 パナソニック）

電気カガミ

RG-401　昭和38年　1,250円

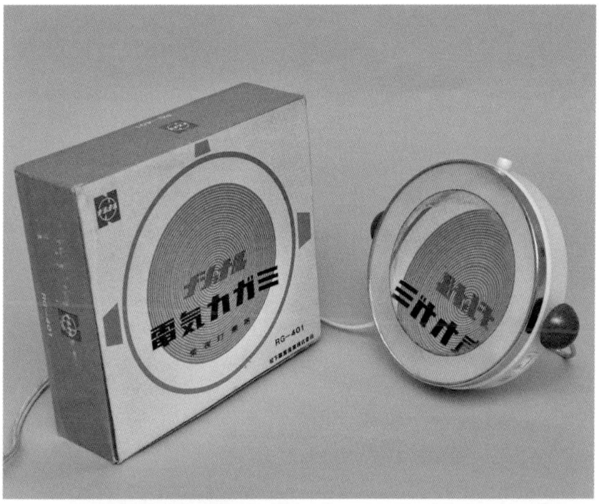

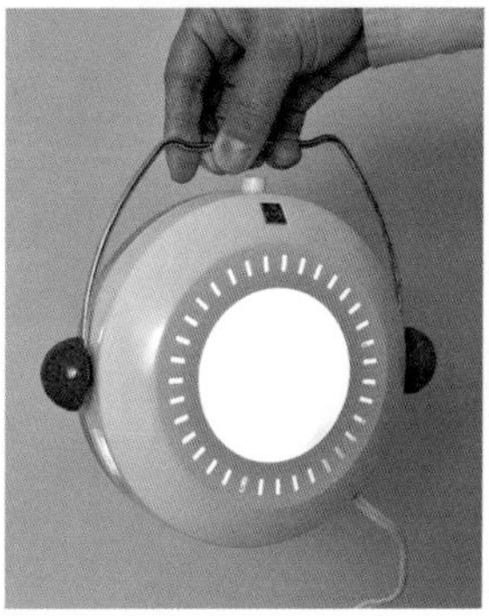

「スマートな……あなたのマスコット」として発売されたこの電気カガミ。今、言うところの照明付きメイクミラーのはしりのような製品です。

鏡の周囲には電球を使った光源を組み込んであるので、暗い所でもお化粧ができる。側面にはコンセントがあるので、電気カミソリなどを使うことができる。また裏返せば透光窓があるので、常夜灯としても使用できるようになっているという一台二役です。

気分に応じて照明の色を切り替える

三洋

メーキャップミラー

MM-40　昭和45年　4,300円

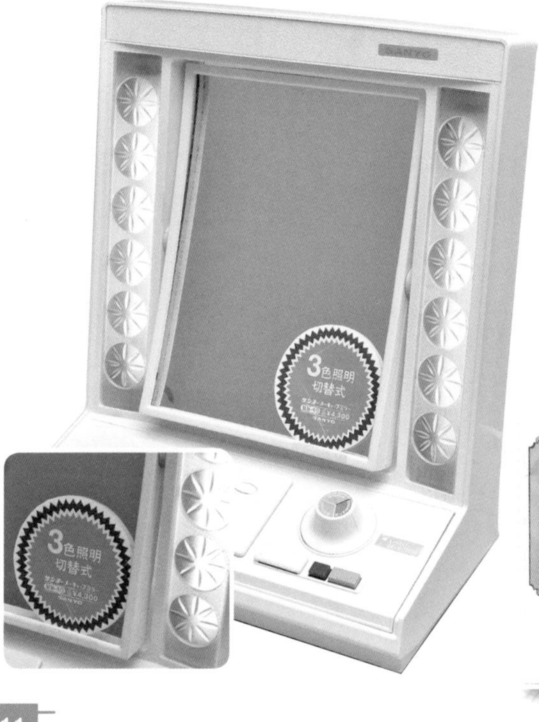

メーキャップミラーの照明をTPOに応じて、白・緑・赤の3色に切り替えることができます。取扱説明書によると、白のHOMEモードは、家庭で過ごすときに。緑のOFFICEモードは、会社や事務所など仕事のときに。そして赤のEVENINGモードは「劇場やパーティーに、おでかけのとき、ご夫婦で夜を楽しくおすごしのとき、3色照明切替ツマミをEVENINGの表示に合わせて、お化粧してください」……。

赤のEVENINGモードでいそいそとお化粧に励む奥方をみて、いささかユウウツになったお父さんもいたかもしれませんね。

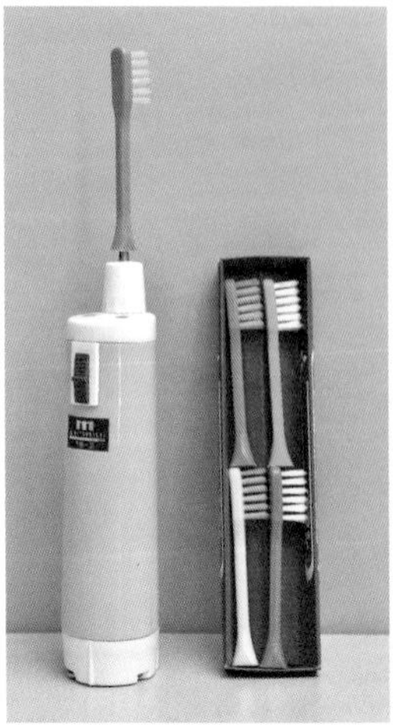

虫歯の予防も電気の力で助けます

三菱

電気歯ブラシ

TB-2　昭和41年頃　1,780円

「虫歯を予防するために、電気歯ブラシはいかがでしょう。アメリカ製、スイス製はぼつぼつ見ますが、日本ではこの三菱製品だけしかありません」(『毎日新聞』昭和39年6月7日)。この記事によれば国産で初めての電動歯ブラシは三菱製だったようです。

写真のTB-2はその後継機種にあたります。発売された昭和41年、小学生の(未処置の)虫歯り患率は79%※でしたが、歯磨き習慣など予防意識の高まりもあり、平成30年には22%と約1/3まで減少しました。

※学校保健統計調査 文部科学省

旅行のお供にドライヤーを忘れずに

東芝

ヘヤードライヤー「マイセットミニ」

HDH-202　昭和41年　2,580円

前年に発売された若者向け小型ドライヤー「マイセット」が「人気爆発　魅力のヤング商品」(新聞広告)と好評なのを受けて、旅行用ドライヤー「マイセットミニ」として、重さ250gとさらに小型化して発売されました。

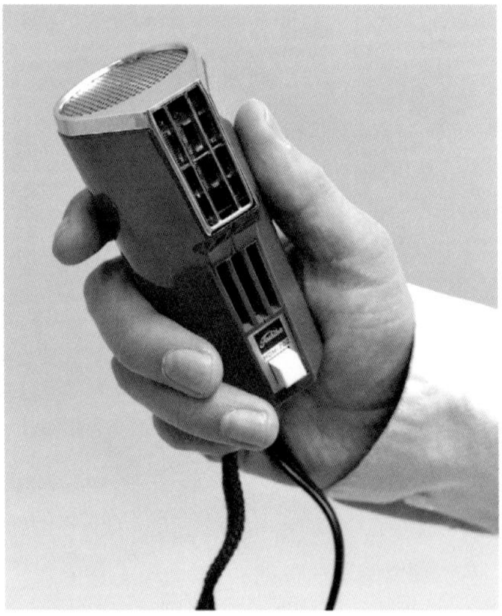

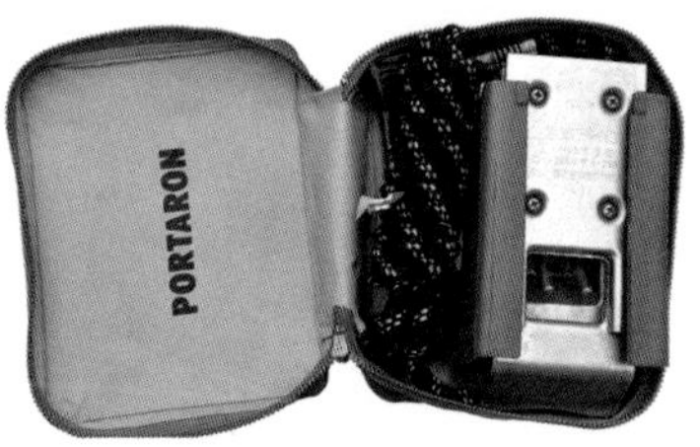
PORTARON
専用ケースに入っています

ハンドル（左）と本体（右）です

スライドさせてハンドルを
本体に取り付け

ドライヤーだけでなく 旅行用のアイロンもありました

東芝

旅行用アイロン「ポータロン」

EI-102　昭和36年　1,300円

分解して携行できる旅行用アイロン。取扱説明書によると「このアイロンは、旅行中での着くずれや　靴下　ハンカチ等　手軽なアイロン掛けの出来るよう、携帯ケースに入った便利なアイロンです」とのこと。

当時、旅館やホテルの備品・アメニティは今ほど充実してはいなかったんでしょう。「スーツケースやボストンバッグに入れたいものは（中略）すなわち洗面道具、化粧品、下着、着がえ、靴下、ちり紙などである」（『関西からの新婚旅行案内』日本交通公社関西支社 昭和35年）……。洗面道具も持参がオススメだったのですね。

そこで「マイセットミニ」や「ポータロン」の登場ということなのですが、小型とはいえアイロン。重くて荷物に感じます。わざわざ旅行先にこの「ポータロン」を持参して使った人って、どれくらいいたのかなぁ〜。

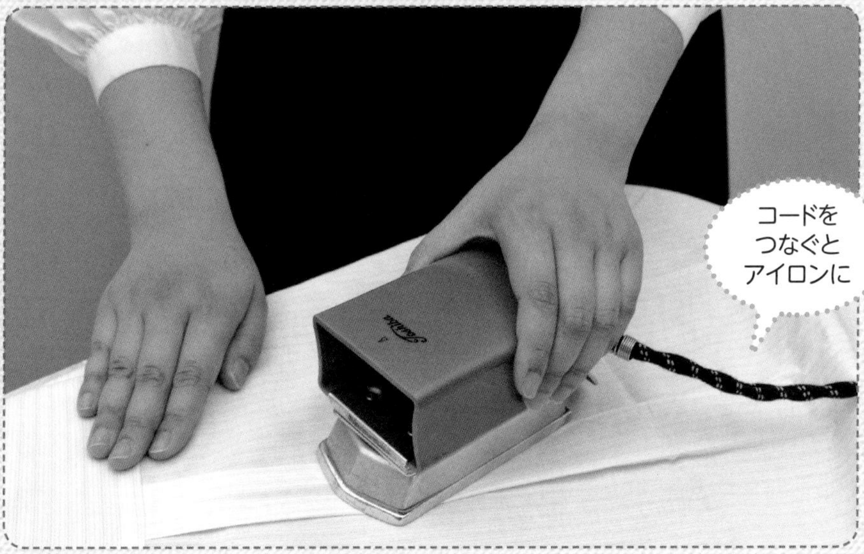
コードを
つなぐと
アイロンに

電気スタンド兼用の加湿器

東芝

電気湿潤器

VA-41　昭和36年　1,100円

一見したところは、ホテルのラウンジにあるようなオシャレな電気スタンドです。もちろんスタンドとしても使えるようになっていますが、本来は電気スタンドを兼ねた湿潤器……。
電球カバーの上からガーゼを掛け水盤の水を吸い上がらせると、電球の熱で水が蒸発して室内が加湿される仕組みです。「手軽に湿度が得られご家庭や病室など、冬の湿度の調整に最も適しております」（セールスマンカタログ）。昨今、（仕組みは全く違いますが）電球の形をした加湿器が人気なんだそうです。

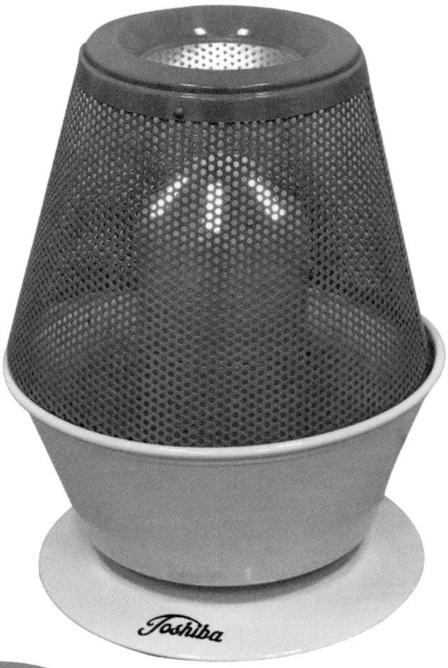

館、食堂、浴場などに設置されたようです。「寝起きでかけつけたサラリーマンや、訪問やデート前にせいぜい使ってもらおうといっている」（『電波新聞』昭和36年10月26日）。
「ソルベット」が発売された昭和36年の電気カミソリの普及率はわずか6.5%。その手軽さが注目されつつあったとはいえ、電気カミソリはまだまだ珍しい製品でした。そんな背景もこの公衆用ひげそり器が誕生したキッカケだったかもしれません。

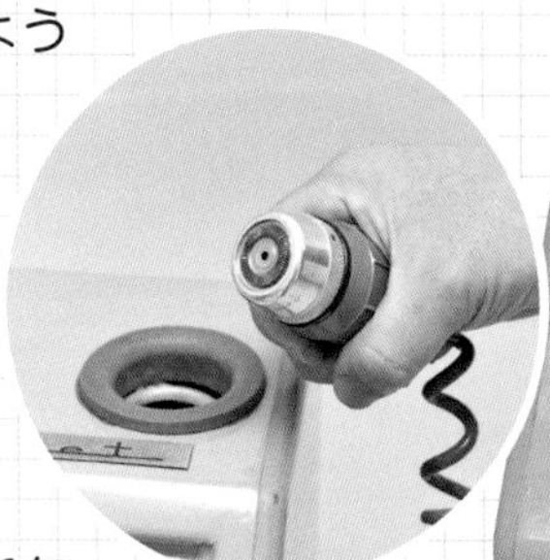

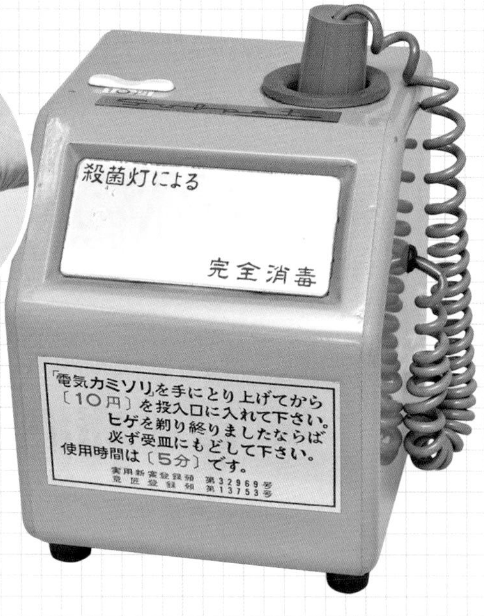

クリーンパックで夢多き人生を

早川（現 シャープ）

吸引式美顔器「クリーンパック」

M-2100　昭和41年　3,700円

昭和40年代に入り、美容のための家電も従来のドライヤーや電気カミソリなどのほかに、ホットカーラーやスチーム美顔器など用途がより専門的になったものが出てきました。この吸引式美顔器「クリーンパック」もそのひとつ。吸引することで毛穴の汚れをとり、またお肌に刺激を与えるので、血行もよくなるんだとか。取扱説明書には「シャープクリーンパックでより一層美しくなられ、夢多き人生をお送りください」と。発売から50年、クリーンパックを使っていたお嬢さんもそろそろ古稀を迎えられる頃……夢多き人生を送られているのでしょうか。

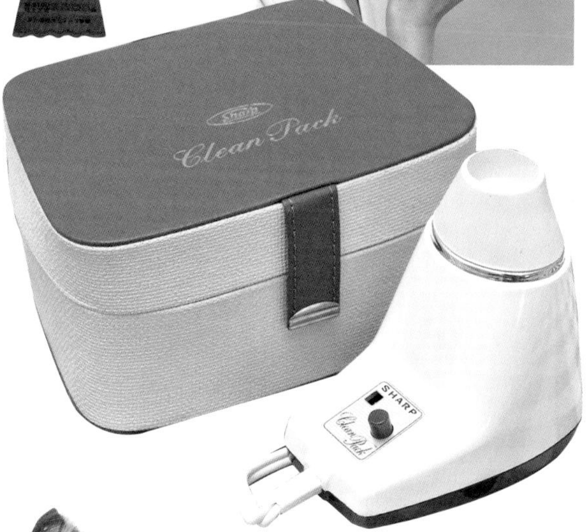

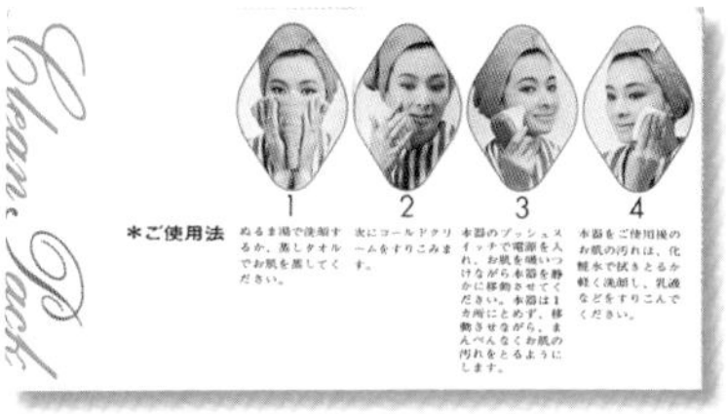

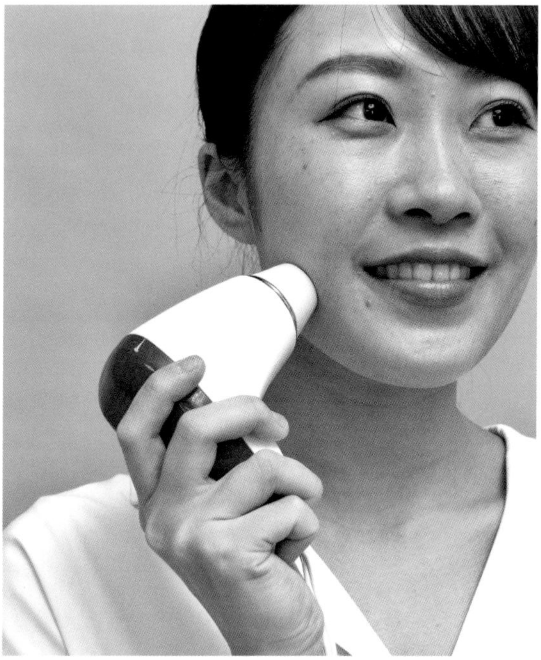

10 円入れて5分間……デートの前に公衆用ひげそり器

科野《しなの》ブラザース

公衆用ひげそり器「ソルベット」

昭和36年　25,000円

「ソルベット」と銘打った公衆用ひげそり器……。陶磁器の貿易会社だった名古屋の科野ブラザースという会社から発売されました。盛り場や旅

電球界の“出世魚”、
赤外線電球のモノがたり

昭和 31 年に発売されたナショナル赤外線電球。塗装の乾燥などに用いられた当初の工業用から、医療用に改良しビオライト電球へ。好評を得て次にこたつの熱源に。さらには赤外線健康イスからトイレ用暖房器と、電球界の“出世魚”赤外線電球のモノがたり。

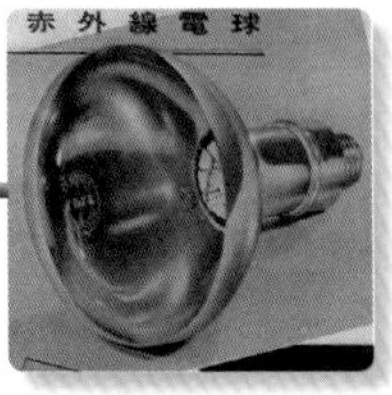

昭和31年
主に工業用として

昭和33年
医療・美容用としても

昭和35年
こたつ用に

昭和41年
冷え性対策に

昭和42年
トイレの暖房に

昭和31年 塗装の乾燥に「赤外線電球」発売

松下（現 パナソニック）

ナショナル赤外線電球

250WRH　900円ほか

昭和31年に発売された「ナショナル赤外線電球」……。患部の保温など医療用、またパーマや美顔など美粧用との使い方も想定されていましたが、当初は塗装の乾燥など主に工業用として使われていました。やがて工業用以外の使われ方も……と広がっていったのでしょうか。全製品カタログも途中からは、工業用赤外線電球の文字はなくなりました。

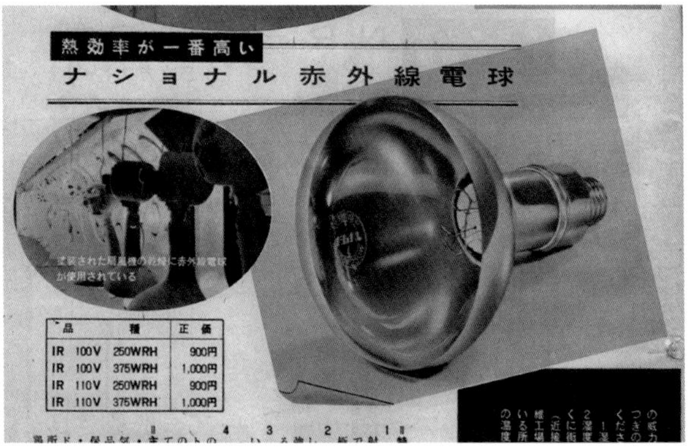

品種			正価
IR	100V	250WRH	900円
IR	100V	375WRH	1,000円
IR	110V	250WRH	900円
IR	110V	375WRH	1,000円

『ナショナルショップ』（販売店向け機関誌）昭和 31 年 4 月

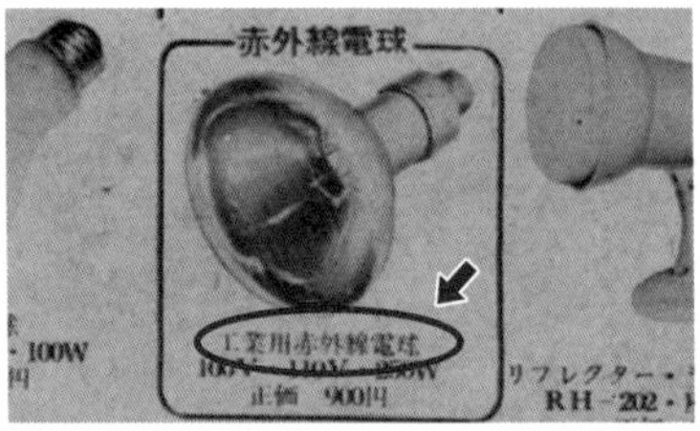

全製品カタログ No.29 昭和 32 年 7 月

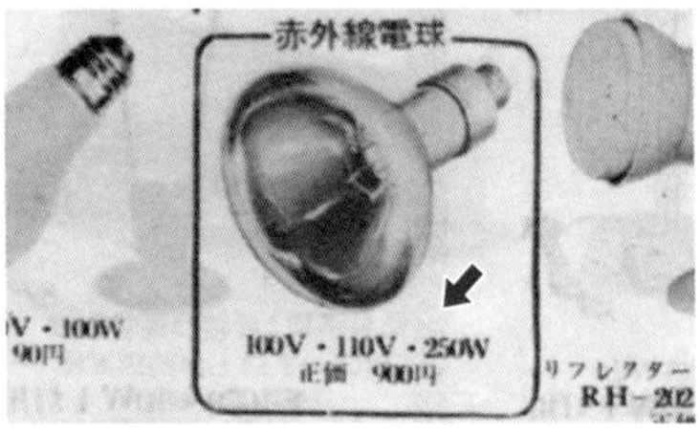

全製品カタログ No.30 昭和 32 年 9 月
工業用赤外線電球の文字がなくなりました

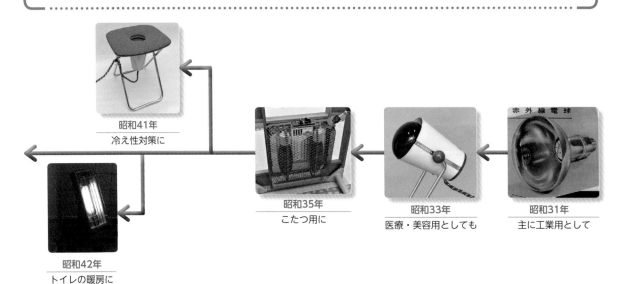

昭和33年 医療・美容用に改良して「ビオライト」誕生

松下（現 パナソニック）

美容用赤外線器具
「赤外線ビオライト（強力型）」

RH-501　昭和33年　1,850円

従来の赤外線電球を医療用に改良しビオライト電球として、専用のランプホルダとともに発売しました。「主として工業用に使用されているが、これに改良を加え医療・美容用に有効な光線のみを放射さすように作られた」（『ナショナルテクニカルリポート』昭和33年12月）。

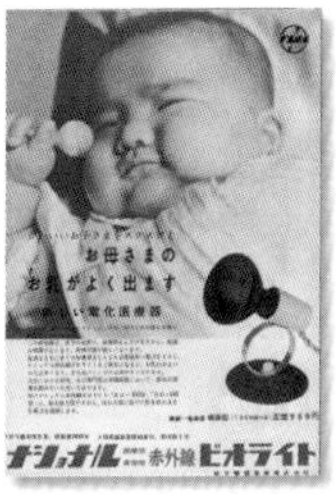

箱の説明には「皮膚の新陳代謝を促進しますので肌の若さを維持し、美容はもちろん、スポーツマンの保健及び、各種疾患の痛みを和らげ回復を早めます」。そして効能は「美肌、美顔、にきび、しみ…（中略）…薄毛」。え～っ薄毛にも効くんですか。早速、ためしてみようっと!!

昭和35年 ビオライトをこたつの熱源に応用し「赤外線健康コタツ」発売

松下（現 パナソニック）

赤外線健康コタツ

DW-45DK　昭和44年　6,650円

写真は昭和44年に発売された後継機種

ビオライトの登場から2年後の昭和35年、これをこたつの熱源に応用した赤外線健康コタツが発売されました。美容用赤外線器具ビオライトの応用なので「健康」と銘打ってあります。

それまではこたつの発熱体にはニクロム線などが使われていましたが、これ以降は赤外線ランプを使ったものが主流となってゆきます。子供の頃、こたつの中に潜ってはあの赤い灯の中で遊んだ人って……たくさんいますよね！

昭和41年 ビオライトをお尻の健康にも「赤外線健康イス」

松下（現 パナソニック）

赤外線健康イス

RH-9000　昭和41年　4,400円

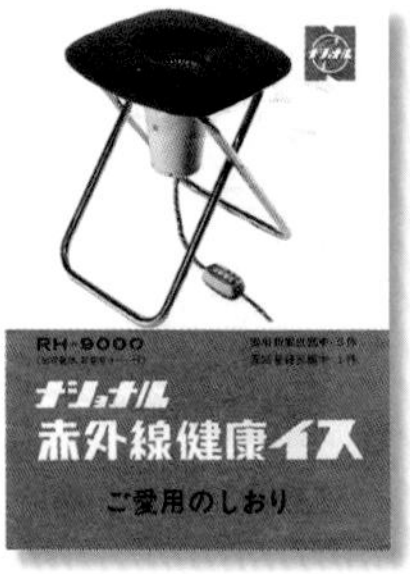

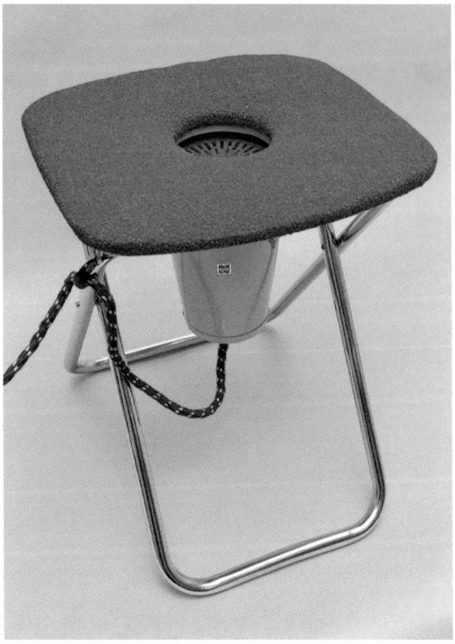

お尻の疾患や冷え性に、一日に10分ほどを1 ～ 2回このイスに座って、赤い光を患部に直接当てると、血行がよくなり効果を発揮するんだそうです。たしかにお尻が温まって具合が良くなりそうですが、イスに座って赤い光を直接当てているところを人に見られたら、ちょっとこっぱずかしいかもしれません。

昭和42年 展開はさらに続く、トイレ用赤外線暖房器「ビオレット」

写真は昭和48年に発売された後継機種

※本来は赤外線ランプの前にガラス板のカバーがあります

松下（現 パナソニック）

トイレ用赤外線暖房器「ビオレット」

DR-403　昭和48年頃　4,900円

トイレの暖房の役目はもちろん、医療用赤外線電球を使った暖房器具ということで、血行を盛んにして新陳代謝を促し、足腰の冷えやお尻の痒《かゆ》みなどにも効果があるんだとか。

今につながるトイレの環境改善のための家電製品もこの頃から始まりました。松下電器では、トイレ脱臭用換気扇を昭和38年から発売。続いて洋式トイレ用に暖房便座を。そして、このトイレ用赤外線暖房器「ビオレット」が発売されました。

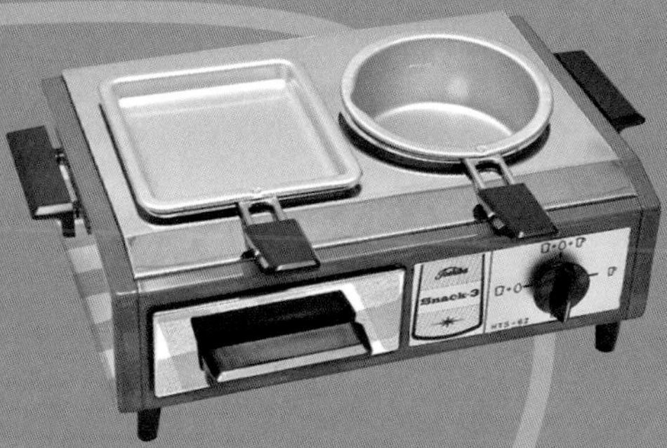

第6章

アイデアがいっぱい
個性があふれる生活家電

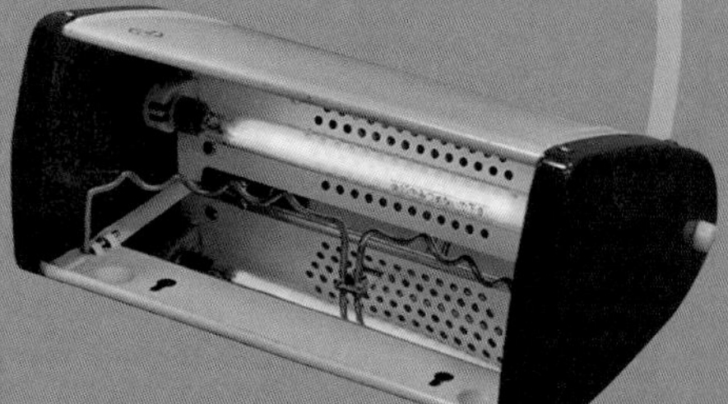

毎日のくらしをより便利に
新しい工夫で一台二役、三役

新しい工夫を施して一台二役、三役とすることで、はげしい競争の中、他社との差別化を図ろうとしました。そんな製品をみていると、毎日のくらしをより便利に……という作り手の思い、また時代の勢いや元気さが伝わってくるようです。

魚焼き、コンロ、フライパン　一台三役の万能型

早川（現 シャープ）

万能型キッチンロースター

KF-654　昭和35年　1,980円

熱源を上にした天火式のロースター（魚焼き器）としての用途のほかに、ロースターをひっくり返して熱源を下にすれば電気コンロに、またそのコンロの上に内鍋をのせれば電気フライパンに……と三通りの使い方ができる一台三役の「万能型」キッチンロースターです。
早川電機が昭和34年に発売した天火式のロースターは、１年余で100万台と大きな評判となりました。やがて各社も同様の製品を発売し追随してくる中、「更に改良を加え、先駆者たる所以を遺憾なく発揮」（シャープ『窓』誌 昭和35年6月25日）と、新しい工夫を施して、さらに他社との差別化を図ろうとしていたようです。

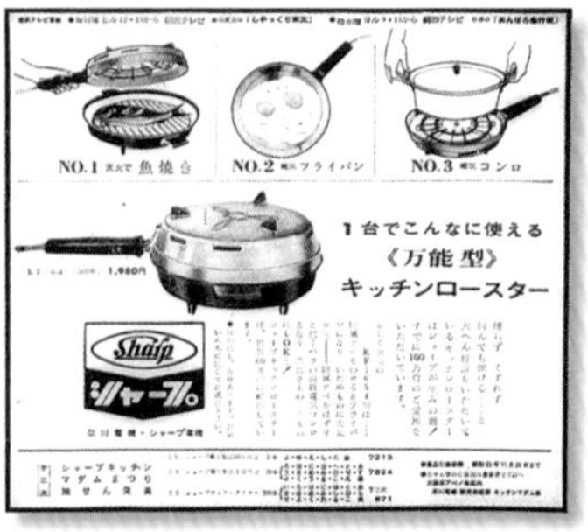

世はスピード時代　スピーディーな朝食は「スナック3」で三品の調理から

東芝

スナック3

HTS-62　昭和39年　3,500円

あわただしい朝に、トースト・ホットミルク・目玉焼きが一度に調理ができるという「スナック3」。使い方は取扱説明書によると「まずミルクを入れ、2～3分たったら次にプレートに卵を落とし、最後にトースターにパンを入れる」。まさしく同時進行で3品を調理といったところです。「スナック3をスピーディーな朝食などにフルにご活用ください」ということなんですが、朝忙しい時、調理の間はスナック3の前にずっといなければいけないので……段取りとしてはいささか微妙～です。それはともかく、朝の台所の合理化を図ろうとする作り手の思い、また当時の洋風の朝食への憧れが伝わってくるような一品です。

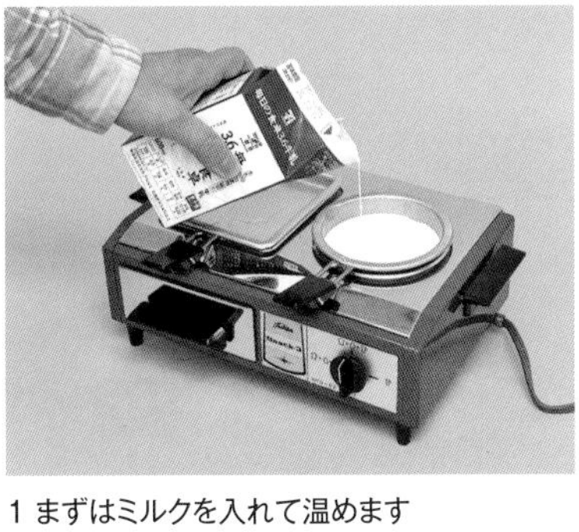

1 まずはミルクを入れて温めます

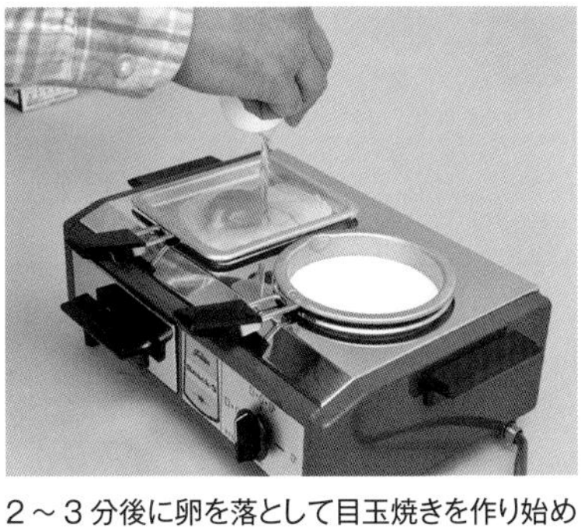

2～3分後に卵を落として目玉焼きを作り始めます

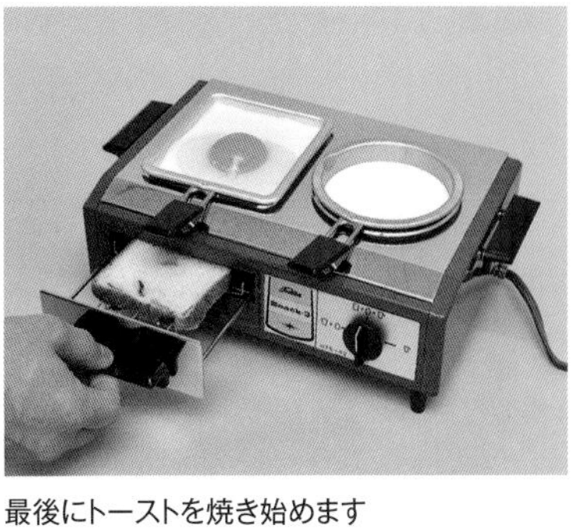

最後にトーストを焼き始めます

電気釜、釜を外して電気コンロ　ご飯たきに汁物・煮物ができる

日立

自動電気釜
（セパレートタイプ）

RD-610　昭和36年　4,500円

釜と底釜が分れるセパレートタイプなので、電気釜として、また釜を外せば電気コンロとしても使えるようになっています。「ご飯たきに付随した汁もの、煮物ができます」ということで「お炊事の労力と時間が軽減され、生活の合理化が一段と進められることと思います」（取扱説明書）。

しかしご飯を炊き終えてから、おかずを調理することになるので、段取りとしてはこれもいささか微妙～です。「見たところちょっと便利そうですが、じつはごはんを炊く以外には、あまり役に立たないと言えそうです」（『暮しの手帖』 昭和36年7月）と少々キビシイご意見もありました。

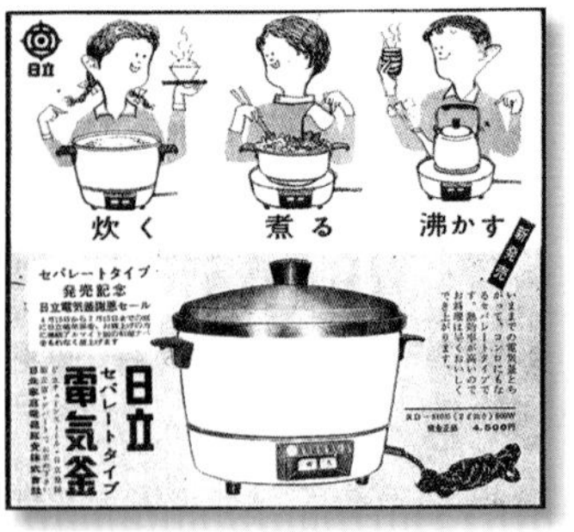

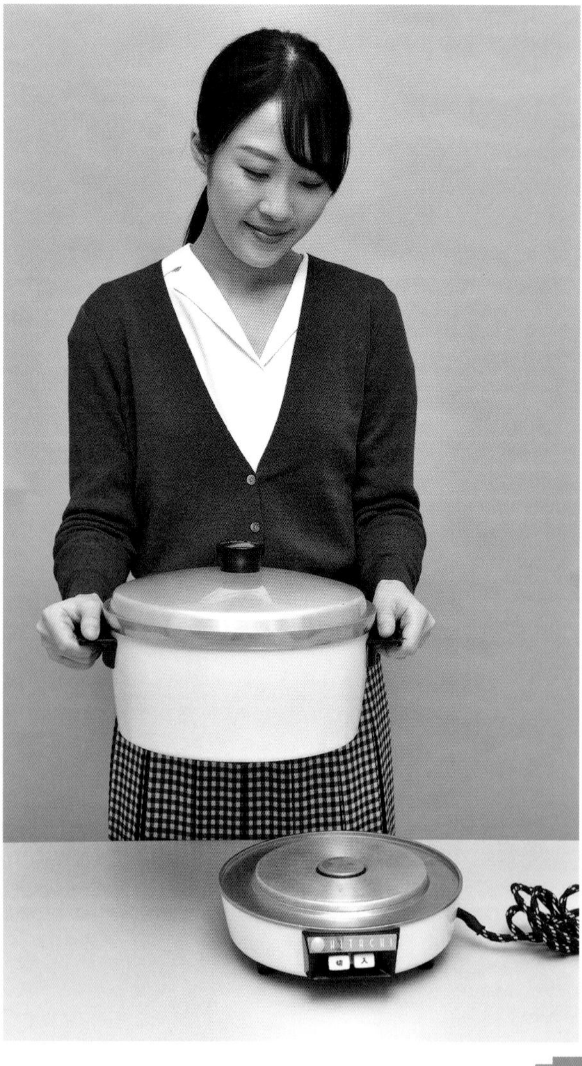

フルコースがワンタッチ　4品同時に調理して台所の合理化を

東芝

電気釜分割内鍋(4分割 1.8ℓ用)

昭和35年　600円

電気釜の内鍋を４分割して、ご飯炊きだけでなく、４品を同時に調理しようという製品です。当時のレシピ集には２分割鍋の「ご飯とカレー」と簡単なものから、４分割鍋の「枝豆入茶飯・七分粥・スポンジケーキ・マッシュポテト」と手の込んだ献立まで紹介されています。ただこの分割内鍋は、メニュー毎に外釜へ入れる水の量の調節が必要で、そこが難しいな～というのが使ってみての感想です。

「もっともっと工夫なさって、色々と個人個人に即応した料理を見出し、台所の合理化を計っていただくことを念願いたします」(『東芝電気釜のたのしいお料理集』昭和35年頃)。その“もっともっと”の工夫が大変と、大ヒットにはならなかったようです。

写真の4品の料理が同時に作れます

三洋

折たたみ式ストーブ

R-605　昭和34年　2,940円

部屋から部屋へどこでも常春
折りたたんで持ち運べるストーブ

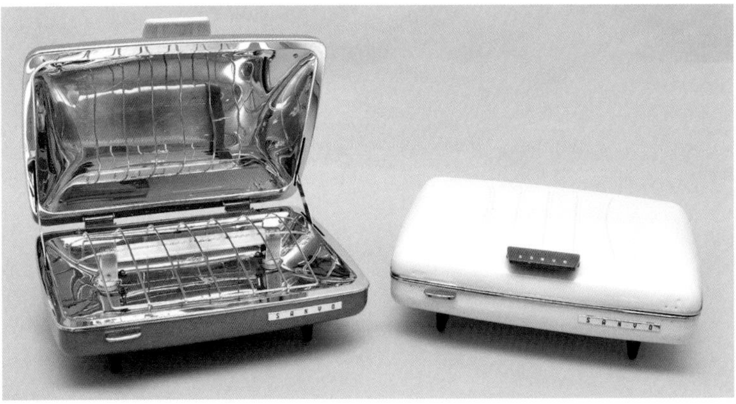

ひとつの電話にダイヤルふたつ 回線不足を解決する夢のテレホン

発売 日東通信機・製造 岩崎通信機

両面ダイヤル式電話機「ボース・ホーン」

昭和38年　9,700円

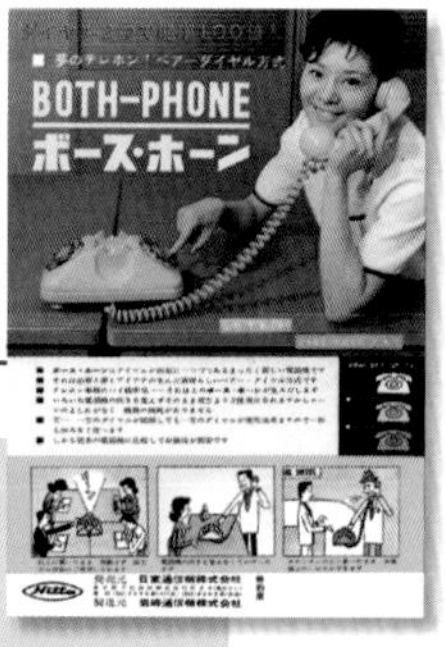

ひとつの電話機にダイヤルがふたつ、机をはさんで両方からダイヤルできるという「ボースホーン」。もちろん電話を掛けられるのは１回線だけです。当時は電話回線が少なく、また回線を申し込んでも希望者が多く、すぐに引くことができなかったことから、このようなアイデアが生まれました。主に新聞社やテレビ局などで使われたそうです。しかし使う際、一方の人はコードの位置の関係で右手に受話器を持ち、左手でダイヤル……という図になってしまい少々使い難くそうです。発想はとても面白いのですが、そんな理由からかヒット商品とはならなかったようです。

家族みんなで暖かい　多人数用足温器

日立

テーブルこたつ（万能型）

KC-51　昭和35年　2,800円

（『日立ファミリー』昭和36年10月）

これ一台で堀りごたつ、勉強机やテーブルの下に置いて足温器……、いろんな使い方ができるということで“万能型”と称しました。

昭和30年代、それまでの畳に座る生活から、イスに座る生活も増えはじめました。「椅子とテーブルによる最近の生活様式にマッチしたものとして昨年大好評を博した日立独自の製品」（『日立ファミリー』昭和36年10月）と、好評だったようです。テーブルを囲んだみんなが、このテーブルこたつに足をのせて談笑する図は、多人数用足温器。今なら、さしずめ“電気足湯” って趣です。

上下二段セットで 置き場所にも お財布にも優しい扇風機

富士電機

お座敷双頭扇
「サイレントペア」

FSW2564　昭和39年　15,500円

お座敷双頭扇の名前通り、上下二段セットになった扇風機。上下セットということで、その名も「サイレントペア」。上段、下段の扇風機で各々、ON・OFFや風量の強弱、そして首振りの調整ができます。扇風機を二台買うよりも安い、(ベースを共通化したので)二台置くよりも場所をとらないということで、事務所や集会所など多くの人がいる場所で使われることを想定して作られたようです。

治療がすんだら、台所の殺菌灯としても使える

松下 (現 パナソニック)

殺菌灯治療器

GH-691　昭和34年　1,950円

この治療器の内部の波型の台、ここに足の指をのせ殺菌灯を当てて水虫を治そうという製品です。波型なので足の指が広がり、患部に殺菌灯がより効果的にあたるというわけ。またワキに挟めばわきがの治療に。そして治療が終われば壁に掛けて、台所の殺菌灯としても使えるという一台三役の治療器です。

「綜合水虫薬トリコマイシンS 200円 藤沢薬品」「パパセリン液剤 200円 大塚製薬」……。当時、水虫薬は200円前後が相場だったようです。その時代に1950円の治療器は、なかなかのお値段にも思えますが、一台三役で使えるので、考えようでは割安なのかもしれません。

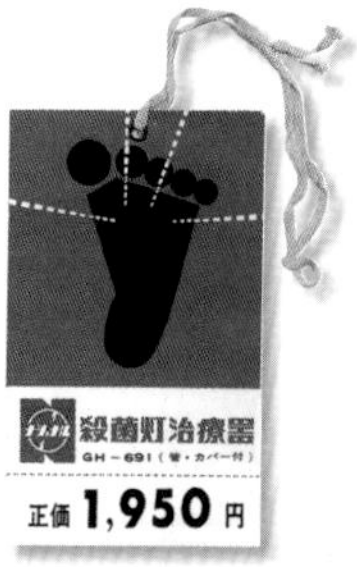

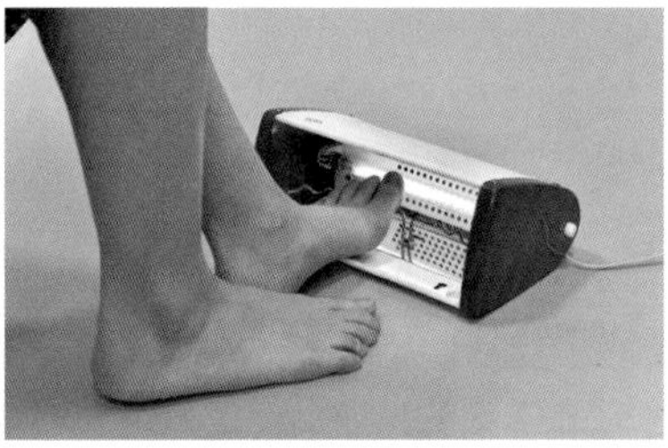

各社から出揃った
コンロとストーブの一台二役

これ一台で暖房に、料理に、持ち運びも自由自在

松下（現 パナソニック）

高級電気600Wコンロ（角キャリヤー型）

NK-621　昭和36年　1,480円

コンロとして、また保護わく（ガード）をつけ取っ手をスタンドにすればストーブとして、そして取っ手を起こせば持ち運びもできるという、「1台で暖房に…料理に…いく通りにも使える」電気コンロです。そしてストーブとして使う際に取り付けるガード。これはパンや魚を焼く時には、焼き網としても使えるとか。もうどこまで多機能なんでしょう。

ストーブとコンロを二つ買うよりも安い。そして一台二役なので場所をとらない。冬の日曜日、アパートの学生さんが、お昼にゴソゴソと起きだしてコンロで即席ラーメンを作り、その後は机の横でストーブに……。そんな場面が目に浮かびそうです。

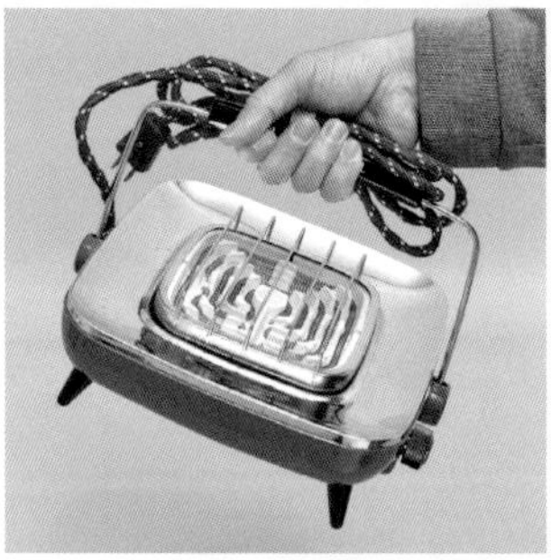

洗練されたデザインは宇宙時代の卓上火鉢

三菱

電気卓上火鉢(手あぶり・七輪兼用)

HR-601　昭和33年　2,350円

電気卓上火鉢とあるように、従来の手あぶり火鉢(一人用の小さな火鉢)を電化しました。使い方もそれと同じで、手あぶりとして手軽

な温め。そして上部のガードを外せば、七輪としてちょっとした調理もという、手あぶりと七輪の一台二役。ガードの上にある半球形の容器は水盤です。これも手あぶり火鉢の上で、しゅんしゅんと鳴っていたやかんのイメージでしょうか。

とは言え、使い方は一緒でも「洗練されたデザインと優美な塗装」(『三菱ニュース』昭和33年7月26日)は、さしずめ宇宙時代の卓上火鉢といった趣です。

ガードとスケルトンを外せばコンロに早変わり料理もできるガスストーブ

東芝

ガスストーブ(コンロ兼用形)

GS-11　昭和38年頃　2,600円

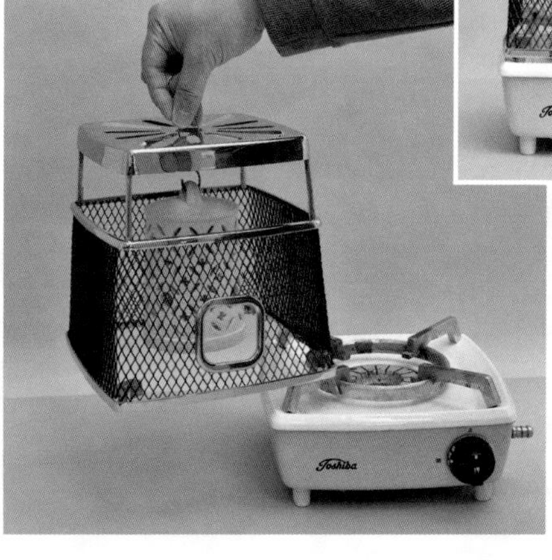

一人暮らしのヤングを応援する“おひとりさま”の家電

高度経済成長期、進学そして就職で多くの若い人たちが都会へ出てきました。
そんな人たちに向けて“おひとりさま”用の家電が発売されました。
アパート・下宿・会社の寮……、いろんな場所で使われたことでしょう。

一人用炊飯器　内鍋を専用ケースに入れるとそのまま弁当箱に

日立

ミニ炊飯器セット(クックチャイム付)

RN-30　昭和50年　4,800円

「ミニ」とあるように、0.7合から1合炊きの一人用炊飯器です。少量のお米は洗いにくいということで、取っ手を持ってシャカシャカと振って洗う専用の洗米器が付いています。その洗ったお米を内鍋に入れて炊飯が始まり、1合なら約25分、チ～ンとクックチャイムが鳴って炊き終えたことを知らせます。

炊きあがったご飯の入っている内鍋は、炊飯器から取り出して専用のケースに入れると、そのままお弁当箱になって持ち運びができる。炊いたご飯を炊飯器から移し替える手間もいらずで、便利な一人用炊飯器です。でもお弁当の専用ケースにはご飯だけしか……。おかずはどうするのかなぁ～。

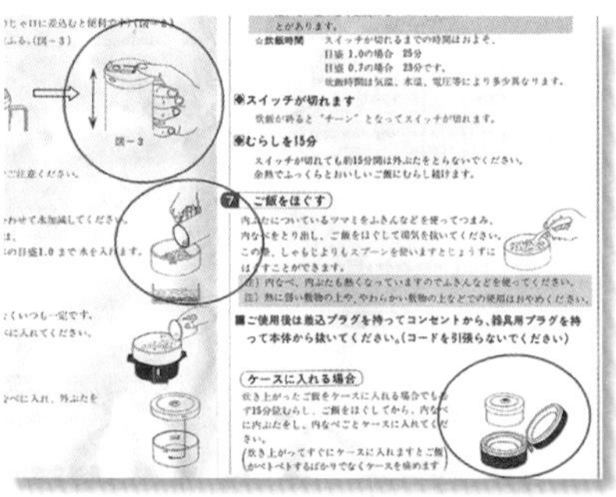

とがあります。
☆炊飯時間　スイッチが切れるまでの時間はおよそ、
目盛 1.0の場合　25分
目盛 0.7の場合　23分です。
炊飯時間は気温、水温、電圧等により多少異なります。

※スイッチが切れます
炊飯が終ると"チーン"となってスイッチが切れます。

※むらしを15分
スイッチが切れても約15分間は外ぶたをとらないでください。
余熱でふっくらとおいしいご飯にむらし続けます。

7 ご飯をほぐす
内ぶたについているツマミをふきんなどを使ってつまみ、内なべをとり出し、ご飯をほぐして湯気を抜いてください。この際、しゃもじよりもスプーンを使いますとじょうずにほぐすことができます。
注）内なべ、内ぶたも熱くなっていますのでふきんなどを使ってください。
注）熱に弱い敷物の上や、やわらかい敷物の上などでの使用はおやめください。

■ご使用後は差込プラグを持ってコンセントから、器具用プラグを持って本体から抜いてください。(コードを引張らないでください)

ケースに入れる場合
炊き上がったご飯をケースに入れる場合でも必ず15分位むらし、ご飯をほぐしてから、内なべに内ぶたをし、内なべごとケースに入れてください。
(炊き上がってすぐにケースに入れますとご飯がベトベトするばかりでなくケースを傷めます)

1. 専用洗米器をシャカシャカと振ってお米を研いで

2. 1合炊きのお釜で炊いて

3. 専用ケースに入れてお弁当のできあがり

半世紀前からありました　元祖!?「一人鍋」

日立

ラーメンなべ

PC-310　昭和41年　1,700円

手軽に即席ラーメンを、食卓や机の上で作ることができ、また内鍋を取り出せば手間いらず、そのまま食器として使うことができるようになっています。ほかにも簡単な水たき、鍋べ焼きうどん……、いわば元祖“一人鍋”です

昭和33年に発売されたインスタントラーメン。翌34年は全体で7000万食だったものが、昭和40年には25億食と大きな伸びを示します。それに合わせてインスタントラーメンを作ることができる調理家電が登場しました。

軽食は自分で手軽に作りましょう

三菱

電気片手鍋

NB-401　昭和40年　2,180円

受験生のお夜食作りに悩むお母さんへ、「この片手鍋があればインスタントラーメン・ゆで卵・お雑煮といろんなものが息子さんの手で作れます。もちろん合格されて下宿されても、ずっとお使いになれて重宝」（新聞広告）と、ラーメン・ワンタン・みそ汁から牛乳の温めまで、一人で手軽に軽食を作ることができる片手鍋。

取扱説明書には、「ゆで卵　普通の卵７個までゆでられます」。たしかに７個までゆでられるんでしょうが、一人用の片手鍋で７個は……ちょっと食べ過ぎかもしれません。

結婚するまでお世話します　独身者用調理器

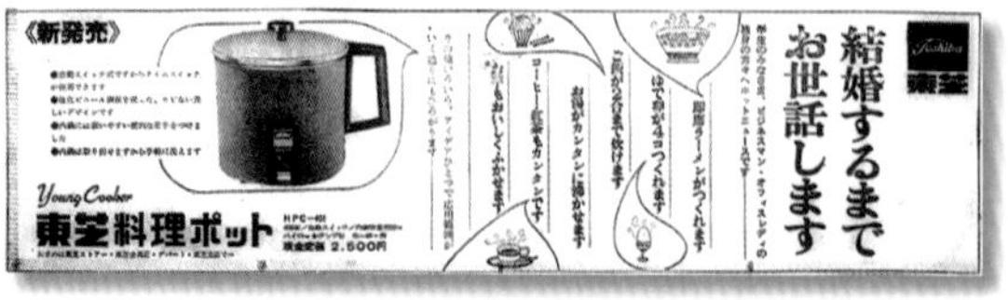

東芝

料理ポット

HPC-401　昭和41年　2,500円

業界初の“独身者用調理器”……として発売されました。これ一台でラーメンを作ったりお湯を沸かすことができるのはもちろん、（付属の内鍋や卵受けを使えば）ご飯が炊けて、ゆで卵もできる。いわば小型の万能電気鍋ってところです。

「もし、お宅にガスがなくて、しかもあなたがひとりもので、一日にいちどくらいは、ごはんを炊いてたべたいと思う人だったら、これは、いい道具です」（『暮しの手帖』昭和42年2月）と、なかなか便利な道具のようです。

この製品、あえて“独身者用”としたのも勘所ですね。もちろんそれ以外の方が買いに行っても電器屋さんは売ってくれました。

日本最初のポータブル洗濯機

日立

ポータブル洗濯機「マミー」

P-M1　昭和37年　9,800円

日本で最初のポータブル洗濯機として発売された「マミー」。愛称の由来は「ママのようなすばらしさ」から。タライ・バケツや浴槽などに洗濯物そして水と洗剤を入れ、そこにこのマミーをセットして動かせば、ポータブル洗濯機になるという仕掛け。

「独身者にピッタリ」ということですが、当時の雑誌によれば、洗浄力が一般の洗濯機に比べると弱く、また水を流しながらのすすぎができないのが手間……などもあってか、カタログの文言「いよいよ日本にもポータブル洗濯機の時代」とはならなかったようです。

レジャーブームがやって来た 登山でキャンプでスポーツで一台二役の活躍

昭和38年、レジャーブームで上越線土合駅に押し寄せた谷川岳登山者　（写真:毎日新聞社）

昼はコップ　夜はランタン

三菱

ランタン（登山・キャンプ用）

CL-75　昭和38年頃　400円

1. 下部の電池ボックスから外して

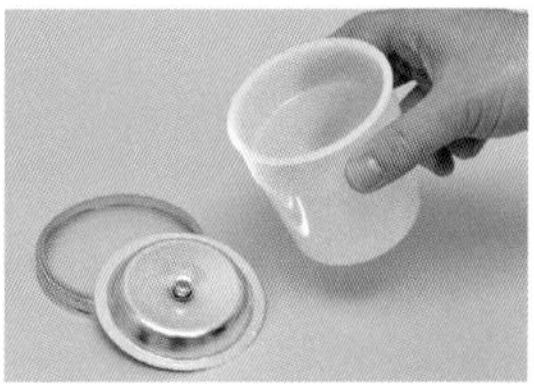

2. 電球も外せばコップとして使えます

レジャーという言葉が流行語にもなった昭和36年。登山やスキーまたハイキングと多くの人でにぎわいました。そんな頃に発売されたこの「三菱ランタン」。

吊るして置いてキャンプの灯りとして使うのはもちろん、本体からグローブを外せば、コップとしても使えるという一台二役。

ただ……グローブをコップとして使う時には、電球と電池ボックスが離れてしまうので、肝心のランタンが消えてしまいます。夜にコップとして使うのは、ちょっと難しそうです。

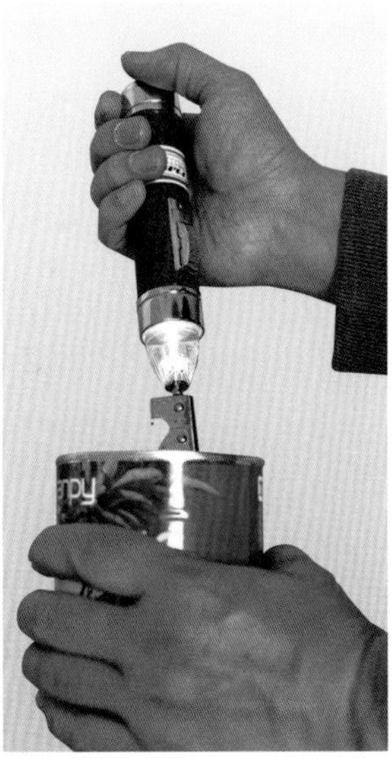

暗闇でもコッソリと缶詰が食べられます

松下（現 パナソニック）

缶切りライト（ドライバー付）

昭和42年頃　400円

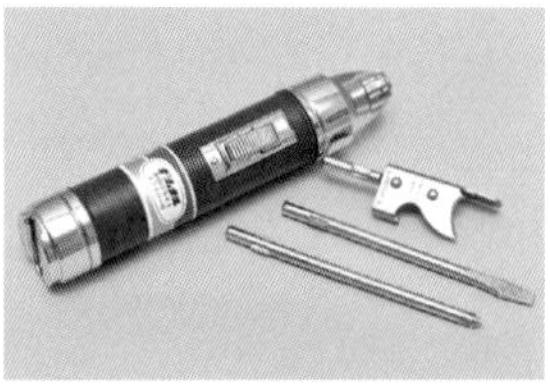

ライトの先にドライバーを取り付けて、暗いところでも作業ができるドライバーライト。その取り替え金具の中にドライバーのほか、缶切りも加えて、暗いところでも缶詰を開けることができるようにしたのが、この「缶切りライト」です。

夜、みんなが寝静まったテントの中、お腹が空いてきて一人、この缶切りライトでコッソリと焼き鳥の缶詰を開けた人もいたかもしれません。

昭和中期の生活を彩った家電デザイン

元シャープ常務取締役総合デザイン本部長　**坂下 清**さん

昭和30年代、「もはや戦後ではない」と日本は好景気に沸き、人々の暮らしが豊かになっていった。電器製品が家庭の中に入り始めた時期でもあり、白黒テレビ、冷蔵庫、洗濯機が「三種の神器」と呼ばれ、新しい生活の象徴であり憧れになっていた。同時にそれまであまり顧みられなかった製品デザインにも目が向けられるようになった時代でもある。

そのきっかけになったのが昭和26年春、視察のために渡米していた松下幸之助氏が、帰国直後の羽田空港で開口一番、出迎えた幹部社員に向かって言った「これからはデザインやで！」の一言だったとされる。松下氏はその言葉通り、早速、当時千葉大学工学部工業意匠学科で教鞭をとっていた真野善一[1]氏を招いて宣伝部内に製品意匠課を創設した。そして昭和30年代に入ると関東の日立、三菱、東芝、そして関西の三洋、シャープ（当時は早川電機工業）がこれに続いた。

同時期、欧米諸国では家電は大手数社による寡占状態だったが、日本は国内に多くのメーカーが並び立ち、製品の企画、設計技術、デザイン、生産にわたって熾烈な競争が続いた。

この熾烈な競争の中から生み出された商品は数多いが、中でも日本の主婦が最初に恩恵を受けたのは、昭和30年に東芝から発売された電気炊飯器だったのではないだろうか。ご飯を炊くという作業は、有名な「はじめ、ちょろちょろ、なかぱっぱ、赤子泣いても火は消すな」という金言があるほど、お釜から片時も目を離せない仕事だった。すでに大都市では戦前から炊事用の熱源として都市ガスが普及していたが、「美味しいご飯」を炊くことは主婦の裁量に依存していた。

それに対し、この「電気炊飯器」を使えば、洗米とお水をセットしてスイッチを入れる

だけで失敗のないご飯が炊けるのだ。形状も従来のお釜の持つなだらかな曲面を意識した柔らかな形状とシンプルなコントロールパネルと把手、いわゆる「足すものも無い、引くものも無い」見事なデザインだった。

工業デザイナーを目指して

私がシャープに就職したのはその「電気炊飯器」が発売された2年後の昭和32年のことだ。家電黎明期であり、シャープではまだデザインは技術部門の中の専門職という位置づけでしかなく、社内での認知度も低かった。そんな時代にあって、私は珍しく幼い頃から工業デザイナーを目指していた。

戦後間もない頃、戦禍が残る大阪での生活は子供ながらにも衣食住全般にわたって苦しいと感じていた。それと比べて米軍の圧倒的な資源力に驚かされた。中でも交通量のほとんどの無い道路を我が物顔で走るジープの迫力や、高級将校の家族が使っていた乗用車の流線形のボディと鮮やかなカラーは、10代前半の子供だった私に強烈なインパクトを心に残した。

また、大阪市内の中心部である「船場」に住んでいたこともあって、丸紅、伊藤忠、伊藤萬などの大手繊維商社が取り扱う生地や織物の鮮やかな柄や、カラフルなラベルを日常生活の中で目にしていたことも、私の感性に影響を与えてくれていたと思う。

そうしたことから小学校、中学校と美術関係の学科には関心が高く、中学卒業後は大阪市立工芸高校の図案科へと進学した。

当時、学制が新たに6・3・3制となった[2]こともあり進路に悩んでいたが、実家の得意先の子息で、当時京都美術大学図案科の学生だった木母正一氏[3]のアドバイスを受けて決めた。

ところが、勇んで入学したものの高校から入学したのは私一人だけで、30人程いたクラスメイトは既に旧制中等学校[4]の3年間でデザインの専門教育を受けていた者ばかりだった。全く未経験の私にとって、このハンディキャップは大きかった。とにかく短期間で追いつくために毎日のように居残りで勉強し、大量の宿題も課せられるなど大変な苦労をしたが、幸い仲間からの助けもあり、どうにか半年程で追いつくことができた。この経験は苦労しただけ得たものも大きく、その後のデザイナー人生に良い結果をもたらしてくれたと感じている。

クラスメイトたちと違っていたことが、もう一点あった。私以外は学科の名称である図案科の通りポスターやカタログといったいわゆるグラフィックデザインに対する関心が高かったが、私一人、当時は認知度も低かった工業デザインに関心を持っていた。卒業間近になると優秀な仲間は大丸、阪急、近鉄といった有力百貨店の宣伝部に就職が決まっていったが、私は更なる充実をと東京芸術大学図案科を目指した。

当時、東京芸大の図案科は、定員が30名しかなかったうえに直近の倍率が24倍という狭き門だった。工芸高校に通っていた私にとっては実技試験はともかく、英語や数学といった一般教科はハードルが高く、結局それがネックとなり一浪することになった。

しかし、浪人中にデザインだけでなく一般教科の勉強も文字通り死に物狂いで頑張った結果、翌年にはなんとトップの成績で合格できた。昭和28年4月、桜が満開の上野公園を通り抜け東京芸術大学の門を入った時の感慨は今でもはっきりと覚えている。

当時、東京芸術大学では小池岩太郎氏[5]の指導の下、後に日本を代表するデザイン企業「GKグループ[6]」に発展する工業デザイングループの活動が始まっていたが、図案科の中にあっても工業デザインに対する認知度はまだまだ低かった。クラスメイトの中で工業デザインを目指す者は私を含め数人だけだった。

大学卒業にあたって私は地元大阪の家電メーカー3社に的を絞って就

職活動をしていた。その中でシャープに決めたのは、同じ阿倍野区内にあり母校の工芸高校から距離的に近かったため、高校時代に工場見学をしており何となく親近感を持っていたこと、テレビ事業のトップ企業で今後の成長に期待が持てたこと、そして何より早川徳次社長の創作者としてのリーダーシップに惹かれたからだった。

その早川社長との最初の接点は意外にも早く、まだ新入社員研修を受けていた時のことだった。工場の片隅で慣れない「やすり掛け」の実習をしている私に「君、君、やすりは手でかけるのではなく〝腰〟でかけるのだよ」と歯切れの良い東京弁で直接声をかけられたのが最初であった。早川社長にとっては単に新入社員の一人に過ぎなかった私に対して直接アドバイスをしてくれた、その気さくな人間的な一面を知ることができた貴重な体験だった。

色はシャンパンゴールド

昭和32年4月入社した私が最初に配属されたのは、ラジオを中心とする無線機器の企画設計を担当する第1技術部第4課だった。担当課長のもと、同僚として私より若い高校卒のデザイナーが数名、色々なことを教わりながら徐々にチームメンバーとして溶け込み、半年経過した段階ではむしろ海外も含めた最新のデザイン情報が豊富なことから上司も含めて頼りにされる存在になった。

すでにテレビ放送は始まっていたが、白黒テレビはまだまだ高嶺の花でラジオの需要は高く、先発のソニーに続いて各社が様々な商品を発売していた。各メーカーには、最大の市場であるアメリカから買い付けのためにバイヤーが接触に来ていた。

当時は各社に出向くのではなく、バイヤーが各社を滞在しているホテルに呼びつけて商談をするという買い手優位のスタイルだった。競争の激しい市場であることから性能、価格のみならずデザインも重要な要素だと、営業担当の要請で具体的なデザイン仕様をすることも多くあった。

その時に出てきたのが「シャンパンゴールド」なる言葉。今ではこの言葉も普及しているが、当時の私は金色というと小判や金閣寺に代表される少し黄色味の強い金色しか知らなかったし、シャンパンも名前は知ってはいても飲んだことはなく想像すらできなかった。幸いサンプルがあったことから、金属加工業者の力もありどうにかバイヤーの要望通りの色合いまで漕ぎつけられた。今でもシャンパンを賞味する機会に恵まれた際には、この体験を思い出す。それぐらいインパクトの強い出来事だった。

ところで、この頃の話題として忘れてはならないのが、翌昭和33年にソニーから発売された「6石トランジスタラジオTR-610」だろう。日本のみならず、米国をはじめ世界で受容されるヒット商品となった。戦後の日本発の商品として初めて世界市場を席巻し、その後、メイド・イン・ジャパンのテレビやオーディオ機器が世界中でもてはやされる先兵となった製品だ。

この大ヒットの背景には機能もあることながら、デザイン面も忘れてはならない。シンプルだが下部に向かって緩やかなカーブで絞られ、胸のポケットにすっぽり入るサイズでありながらボディ一杯のパンチングメタルによるスピーカーグリル、ワイアー製の把手は反転すると特上スタンドにもなるなど、商品としての完成度は非常に高いものであったことが世界の市場で評価されたものと考えられる。

SONY
世界の人気もの TR－610
25ミリの超薄型…その上，指1本で
自由に選局，音量の調整ができます。
¥10,000

扇風機の想い出

入社2年目、シャープはラジオ、テレビに次いで遅れていた冷蔵庫、洗濯機、掃除機、扇風機、炊飯器、暖房機器などのいわゆる白物家電事業に参入するため八尾市に広大な工場を新設し家電事業部門を発足させた。すでに先行していた家電機器のデザインを主として担当していたこともあり、私はデザインリーダーとして新規採用の４名のデザインスタッフとともに八尾工場に転属することになった。

当時、月例の「新製品企画会議」で新製品の企画、機能、デザイン、価格などについて決めていた。ただ特に主要製品については早川社長らの承認が必要とされていて、新しく開発した扇風機の説明のために報告に行ったときのことだ。

その扇風機は他社に先駆けてファン部分を上下にスライドできるという、当時としては新機軸の製品であり事業部門としては自信満々の企画だった。

早川社長からも「良くできている」と高い評価は得たものの、スタンド部分を指し「この部分が広いから、ここに唐草模様をあしらったらどうかね！」と一言。早川社長は東京の下町で「飾り職人」として高い評価を得て活躍されていたこともあり、すでに壁掛けラジオに唐草模様をあしらわれていた前例があったものを、まさか機能的な新商品である扇風機のスタンドに「唐草模様を」と言われるとは思ってもみなかった。

私は一瞬「茫然自失」の状態だったが、思わず「このデザインには調和しないからできません」と答えてしまった。新入社員同然の身分で社長に口答えすることは許されないことは重々承知していたが、デザインの質を守るために「はい」とは言えなかった。

今となっては知る由もないが、早川社長には「こんな男もいるんだ」と記憶に残してもらったと思っている。

扇風機の想い出としてはもう一つ。当時、東南アジアはまだヴェトナム内戦が始まる前で日本と同様に大戦後の復興が始まりだした時期だった。ビルマ（現ミャンマー）の代理店から「ファンを紫色にしてほしい」との要望と共に扇風機のオーダーが入った。

社内では扇風機の羽根の色が「紫色」とは前例もなく困惑していたが、色彩の専門家に問い合わせたところビルマでは仏教が厚く信仰されており、寺院を飾る際には青、黄、赤、白、黒（紫）の仏教五色が使われるとのことであった。そこで、扇風機にふさわしい涼感も必要ということで青味がかった紫色を選ぶことにした。結果としては現地の市場のニーズに見事にマッチし、翌年以降もビルマ向けの扇風機の色彩として定着することになった。

また、アラブ諸国向けの扇風機では、涼感を感じるためにファンの大きな回転音が必要だと、あえてプラスチックではなく金属製にしてほしいという要望があった。見た目ではなく、ブンブン回るファンの音で涼しさを感じるという、まさに「所変われば品変わる」ということをつくづく感じた貴重な体験だった。

電気洗濯機の恩恵

ところで、前述した炊飯器以上に主婦にとって恩恵を受けたであろう家電としては「三種の神器」の一つでもあった洗濯機が上げられるだろう。

人類が衣服をまとい始めた時期は定かではないが、使い捨てではなく、洗濯することによって常に清潔な外被を身にまとうという行為そのものが「文明」と言えるだろう。洗濯は「炊飯」と異なり、複雑なノウハウは不要なものの重労働であることは明白であり、特に冬季の屋外における作業は主婦にとって大変な負担だったはずだ。文明の進展に伴い代替行為が求められるのは当然のことで、ヨーロッパでは早くから手動の洗濯機が開発されていて、19世紀には動力を蒸気機関で動かすものが多かったようだ。
そして今日のような電気洗濯機が初めて発売されたのは１９０８年（明治41年）アメリカでだった。それは円筒型の槽の中心に置かれたモーターにより攪拌する方式だったそうだ。
ところで、洗濯機は国によって求められるものに違いがある。例えばヨーロッパの都市ではアパートメントのシステムキッチンに整合させるためにドラムの回転軸が水平にセットされたものが主流である。一方、米国の都市では洗濯は週1回まとめて処理する傾向が強く、大型のものが一般的である。
そして、日本ではそのどちらとも異なる独自の発展の過程を辿ったと考えられる。戦後の混乱から脱した時期に東芝、日立などからアメリカの洗濯機と同じ形式の円形の大型槽タイプが発売されたが、日本の家庭には適合しなかったのか間もなく姿を消した。
代わりに日本の市場の主流となったのは長方形の縦型洗濯機で、洗濯物の容量や汚れ具合に応じて洗濯時間をセットできる形式だった。洗濯槽の上部に搾り機がセットされ、ハンドルは不使用時は折り畳んで収納できるようになっていた。上部の蓋が脱水された洗濯物の受け皿になるというシンプルで、機能完結型の商品だったと評価できる。コントロール機能もユーザーによる汚れ具合判断に任せた電子ではなく、電気そのものといった商品だった。
その後、垂直ドラムの脱水機が並列にセットされた洗濯機が出て一つの完成形を作ったと言える。当然横型となったため壁際、そして日本の場合は入浴頻度の高い民族性もあり、浴室に近い洗面所の壁際にセットされ、洗濯時に必要なお湯は風呂場から供給するスタイルが定着することになった。

洗濯機といえば、忘れられない思い出がある。
前述したようにシャープは白物家電に対しては後発企業だったために、他社にない独自機能を持った商品開発に注力していた。正確なところは忘れてしまったが、営業部門だったか、ユーザーからだったか、洗濯機置き場が暗いので洗濯機に照明をつけたらどうかという提案が寄せられた。
日本では洗濯機は給排水の関係から洗面所や浴室に近い場所に置かれることが多い。確かにリビングやダイニング空間に比較して決して明るい場所とは言えないことも確かであると商品化に踏み切ることになった。
洗濯機上部に配置されたコントロールパネルの横幅が20Ｗの蛍光灯のサイズに適合することから、パネルの最上部に収めた。蛍光灯から来た「けい子さん」という愛称と共に、他社にない独自商品として自信を持って発売したものの、売れ行きは期待に反して伸びなかった。今から考えると洗濯機が設置される浴室、脱衣室、洗面所などに明るい照明機能の付いた洗濯機が置かれるのは違和感が強く「ミスマッチ」だったと考えられる。

昭和の日常風景と家電

洗濯機は屋内ばかりでなく、家の外に置かれることが多かったのも昭和の思い出だ。下町の露地に面した長屋の小さな台所の窓から伸びたホースでその下に置かれた洗濯機に給水しながら、洗濯機がのどかに回っている風景をよく見かけた。排水は表の道路の細い溝を勢いよく流れていたが、玄関先で七輪を使って焼いていたサンマの煙と同様に誰も気にしない日常の風景だった。
そのサンマで思い出すのが、私にとって最高のヒット商品「キッチンロースター」(7)だ。当時は庶民の台所の味方であり秋ともなればあちらこちらで煙と美味しそうな匂いが漂っていたものだ。しかし、玄関先や土間の台所で団扇をばたばた扇いで焼いている分には良かったが、公団住宅が増え、一般家庭でもダイニングキッチン、さらにリビングまでつながる空間が当たり前のようになると、モウモウと煙を出しながらサンマを焼くことは憚られる時代になってきた。そこで家電各社の挑戦が始まった。

先行したのは東芝だったが上下にヒーターがついていたため、落ちた油が焦げる煙を防ぐことはできず短寿命に終わった。そこで我がシャープの挑戦が始まることになった。

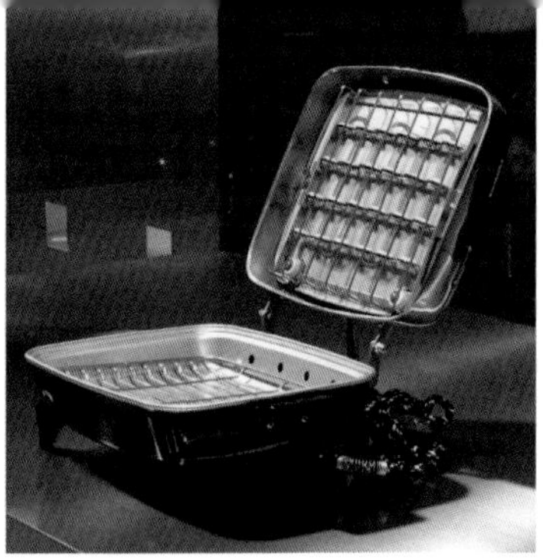

第一の目標は煙を出さずに室内で魚を焼けることであったのは言うまでもない。毎日のように近くの魚屋さんから新鮮なサンマが届けられ、研究室は一時期、魚を焼く煙で充満していたものだった。試行錯誤の結果、焼けた魚からしたたり落ちる油を直接熱源にあてないことがベストの解決策であることが分かり、熱源のヒーターは上部のみとした。

研究段階から状況は十分理解していたためデザインはスムースに進んだ。上下のキャビネットは共通のプレス型を使い、魚を受ける焼き網の高さは3段階に可変するなど細部にまでこだわった設計であった。

昭和34年4月発売となった。機種名は「ＫＦ－６５０」。一三八〇円と手ごろな価格だったことも大ヒットにつながったと考えられる。余談だが大ヒットのおかげでめったに出ない社長賞として金一封を受け取ったのも記憶に残っている。

(1)インダストリアルデザイナー。大正5年東京生まれ。商工省、高島屋勤務、千葉大講師を経て、昭和26年松下電器意匠課長。平成15年12月逝去

(2)昭和22年に学校教育法が施行され移行した

(3)工芸作家。大正15年大阪府生まれ。日本新工芸家連盟評議委員、大阪工芸協会常務理事。平成27年逝去

(4)学校教育法が施行される前に中等教育を行っていた5年制の学校

(5)インダストリアルデザイナー。大正2年東京生まれ。福岡県庁や商工省の工芸指導所を経て、昭和22年から東京芸術大学で助教授、教授を歴任。毎日ＩＤ賞審査員、毎日産業デザイン賞選考委員など多くの賞の選考に携わる。平成4年7月逝去

(6)インダストリアル・デザイン会社。昭和38年東京で設立。多領域のデザインファームを抱える世界でも数少ない総合的なデザイングループ

(7)70ページで紹介

坂下 清（さかした きよし）

昭和８年大阪生まれ。
昭和 32 年東京芸術大学卒業、早川電機工業（現シャープ）入社。扇風機や冷蔵庫、洗濯機など様々な家電製品のデザインを手がける。同 35 年に課長職に就任するとトータルデザインの実現を目指した。その後、常務取締役総合デザイン本部長として世界市場を対象にしたイメージ戦略の立案、実行にあたる。同社退任後は、武蔵野美術大学デザイン情報科学科主任教授、大阪デザインセンター理事長などを歴任。現在は同センターの HP（https://www.osakadc.jp/）でコラム「新・デザイン@ランダム」を連載中。

◆年表 ――昭和レトロ家電の時代――

年	おもな出来事	テレビ・映画	流行歌・ベストセラー	世相・物価
昭和28年	2月1日 NHK東京テレビが本放送を開始 3月14日 吉田首相、衆議院を解散「バカヤロー解散」 6月1日 大阪・第一生命ビルに屋上ビアガーデン第一号オープン 6月4日 中央気象台、台風の呼び名を外国人女性名から発生順番号へ 7月16日 伊東絹子がミス・ユニバースで3位入賞（八頭身ブーム） 8月28日 日本テレビが民放初のテレビ局として本放送を開始 11月25日 クリスチャン・ディオールが東京でファッションショーを開催 12月25日 奄美群島が本土復帰 初任給※1 5,400円	【テレビ】 ジェスチャー 【映画】 東京物語／君の名は／十代の性典	【流行歌】 街のサンドイッチマン（鶴田浩二）／君の名は（織井茂子）／雪のふるまちを（高英男） 【ベストセラー】 君の名は（菊田一夫）／光ほのかに アンネの日記（アンネ・フランク）	・映画『君の名は』のヒットで真知子巻きが流行 ・郡是製絲（現 グンゼ）、厚木編織（現 アツギ）、シームレスストッキング発売 ・テレビ、洗濯機、冷蔵庫などが次々に発売され「電化元年」と呼ばれる ・理髪料金 140円
昭和29年	2月1日 マリリン・モンローと元大リーガーのジョー・ディマジオが新婚旅行で来日 2月19日 力道山・木村政彦組とシャープ兄弟による初のプロレス国際タッグマッチ 3月1日 NHKが大阪と名古屋でもテレビ本放送開始 4月5日 初の集団就職列車（青森ー上野間）が運行 4月20日 日比谷公園で第一回全日本自動車ショウ開催 7月1日 自衛隊発足 7月12日 国立東京第一病院で人間ドックが始まる 9月26日 青函連絡船「洞爺丸」転覆　死者・行方不明者1155人 初任給 5,900円	【テレビ】 エノケンの水戸黄門漫遊記／こんにゃく問答／美容体操 【映画】 ゴジラ／七人の侍／ローマの休日	【流行歌】 お富さん（春日八郎）／岸壁の母（菊池章子）／高原列車は行く（岡本敦郎） 【ベストセラー】 潮騒（三島由紀夫）／女性に関する十二章（伊藤整）	・映画のヒットでヘップバーンスタイルが流行 ・NHKラジオ『お父さんはお人よし』で花菱アチャコの「むちゃくちゃでござりまするがな」が流行語 ・映画館入場料 100円
昭和30年	1月5日 トヨタ自動車「トヨペットクラウン」発売 7月9日 「後楽園ゆうえんち」がオープン 7月15日 トニー谷長男誘拐事件（同月21日犯人逮捕、長男は無事解放） 9月 東京通信工業（現 ソニー）トランジスタラジオ発売 10月13日 日本社会党が左派と右派に分裂解消（社会党統一） 10月20日 ニューヨークヤンキース来日　セ・パ選抜などと対戦し15勝1分 11月3日 船橋ヘルスセンター開業 11月15日 自由党と日本民主党が保守合同による自由民主党結成 初任給 5,900円	【テレビ】 日真名氏飛び出す／私の秘密／轟先生 【映画】 ジャンケン娘／夫婦善哉／エデンの東	【流行歌】 この世の花（島倉千代子）／月がとっても青いから（菅原都々子）／田舎のバス（中村メイコ） 【ベストセラー】 広辞苑（新村出）／はだか随筆（佐藤弘人）	・ビキニスタイルの水着が登場 ・「マンボ」大流行 ・一円硬貨、五十円硬貨発行 ・白米10kg 845円
昭和31年	1月31日 冬季オリンピック・コルチナ・ダンペッツォ大会　猪谷千春がスキー男子回転で銀メダル（冬季五輪日本人初のメダル） 2月6日 『週刊新潮』が創刊（出版社の発行としては日本初の週刊誌） 3月19日 日本住宅公団、大阪・金岡団地で募集開始（入居資格　月収2万5000円以上） 7月17日 経済白書発表。「もはや戦後ではない」が流行語に 10月19日 日ソ国交回復共同宣言 10月28日 大阪の通天閣が再建される 11月19日 東海道本線全線電化が完成 12月18日 日本が国際連合に加盟 初任給 5,900円	【テレビ】 ナショナルゴールデンアワー（ナショナル劇場）開始／東芝日曜劇場開始／シャープ劇場『のり平喜劇教室』／チロリン村とくるみの木 【映画】 太陽の季節／真昼の暗黒／理由なき反抗	【流行歌】 リンゴ村から（三橋美智也）／若いお巡りさん（曽根史朗）／ここに幸あり（大津美子） 【ベストセラー】 太陽の季節（石原慎太郎）／四十八歳の抵抗（石川達三）	・慎太郎刈りが流行 ・ホッピングが大流行 ・映画館の新築ブーム東京都では終戦時の4倍の452館に ・都電乗車賃 13円

※1 国家公務員初級職試験合格者（高卒）の基本給

昭和32年

- 1月13日　浅草・国際劇場で公演中の美空ひばりが、ファンの少女から塩酸をかけられる
- 1月29日　日本の南極観測隊が初上陸、「昭和基地」開設
- 5月25日　有楽町そごうが開店　初日に30万人が押しかける
- 8月1日　ダイハツ工業「ダイハツミゼット」発売
- 8月27日　茨城県東海村の原子力研究所で原子炉が臨界点に達し、「原子の火」がともる
- 9月23日　大阪市に「主婦の店 ダイエー」が開店
- 10月4日　ソ連が世界初の人工衛星「スプートニク1号」の打ち上げに成功
- 12月17日　上野動物園に日本初の常設モノレールが開通

初任給 6,300円

【テレビ】
ダイヤル110番／ヒッチコック劇場／ソニー号空飛ぶ冒険

【映画】
喜びも悲しみも幾歳月／明治天皇と日露大戦争／嵐を呼ぶ男

【流行歌】
有楽町で逢いましょう（フランク永井）／バナナ・ボート（浜村美智子）／俺は待ってるぜ（石原裕次郎）

【ベストセラー】
美徳のよろめき（三島由紀夫）／楢山節考（深沢七郎）

- ・コカ・コーラが日本での製造を開始
- ・東京・八重洲の大丸で初めて「パートタイマー」を募集
- ・五千円紙幣、百円硬貨発行
- ・ラムネ一本　10円

昭和33年

- 2月8日　第一回日劇ウエスタンカーニバル開幕
- 3月3日　富士重工「スバル360」発表
- 4月1日　売春防止法施行
- 4月5日　長嶋茂雄公式戦デビュー　国鉄・金田投手に4打席4三振
- 8月25日　日清食品が「チキンラーメン」発売（一袋35円）
- 10月21日　プロ野球日本シリーズ
　西鉄が巨人に3連敗のあと4連勝で日本一に（流行語「神様 仏様 稲尾様」）
- 11月1日　ビジネス特急「こだま」が運行開始（東京－大阪間　6時間50分）
- 12月23日　東京タワー完成

初任給 6,300円

【テレビ】
バス通り裏／月光仮面／サンヨーテレビ劇場「私は貝になりたい」／三菱ダイヤモンドアワー「プロレスリング中継」

【映画】
隠し砦の三悪人／裸の大将

【流行歌】
夕焼けとんび（三橋美智也）／おーい中村君（若原一郎）／ダイアナ（平尾昌晃）

【ベストセラー】
陽のあたる坂道（石坂洋次郎）／つづり方兄妹（野上丹治・洋子・房雄）

- ・フラフープが大流行するも約一カ月でブームは終焉
- ・「団地族」の名前がマスコミに初めて登場
- ・皇太子殿下と正田美智子さんの婚約を発表（ミッチーブーム）
- ・ガソリン1ℓ　38円

昭和34年

- 1月1日　メートル法実施される
- 1月14日　昭和基地に置き去りにしたタロとジロの生存確認
- 3月17日　『週刊少年マガジン』、『週刊少年サンデー』が創刊
- 4月10日　皇太子殿下（現上皇陛下）と正田美智子さんご成婚
- 6月25日　プロ野球初の天覧試合（巨人対阪神）で長嶋茂雄が村山実からサヨナラ本塁打
- 7月24日　児島明子が日本人で初めてミス・ユニバースに
- 9月26日　伊勢湾台風上陸　死者・行方不明者5098人
- 12月15日　第一回日本レコード大賞に水原弘『黒い花びら』

初任給 6,700円

【テレビ】
番頭はんと丁稚どん／ザ・ヒットパレード／ローハイド／スター千一夜

【映画】
ギターを持った渡り鳥／社長太平記

【流行歌】
南国土佐を後にして（ペギー葉山）／黄色いさくらんぼ（スリー・キャッツ）／可愛い花（ザ・ピーナッツ）

【ベストセラー】
にあんちゃん 十歳の少女の日記（安本末子）／論文の書き方（清水幾太郎）

- ・タフガイ／トランジスタグラマーが流行語に
- ・女性の学童擁護員（緑のおばさん）が登場
- ・新聞購読料（朝日新聞夕刊セット）390円

昭和35年

- 1月19日　日米両国、ワシントンで新日米安全保障条約に調印
- 1月25日　三井鉱山三池鉱業所、三池労組が無期限ストに突入
- 6月15日　新安保条約批准阻止の全学連7000人が国会構内に突入
　樺美智子さん死亡（新安保条約は19日自然承認）
- 7月19日　池田内閣成立、中山マサが初の女性大臣（厚生大臣）に任命
- 8月25日　夏季オリンピック・ローマ大会開幕
- 9月10日　カラーテレビの本放送開始
- 12月2日　石原裕次郎と北原三枝が結婚
- 12月27日　池田首相、所得倍増計画を発表

初任給 7,400円

【テレビ】
快傑ハリマオ／サンセット77／ララミー牧場

【映画】
悪い奴ほどよく眠る／新吾十番勝負／太陽がいっぱい

【流行歌】
潮来笠（橋幸夫）／哀愁波止場（美空ひばり）／霧笛が俺を呼んでいる（赤木圭一郎）

【ベストセラー】
性生活の知恵（謝国権）／どくとるマンボウ航海記（北杜夫）

- ・ダッコちゃんが発売され、若い女性を中心に大流行する
- ・女性の結婚相手の条件として「家つき、カーつき、婆抜き」が言われるようになる
- ・コーヒー一杯　60円

年	昭和36年	昭和37年	昭和38年	昭和39年
おもな出来事	1月20日 米大統領に、ジョン・F・ケネディ就任 2月14日 赤木圭一郎が日活撮影所でゴーカートを運転中、事故を起こし重体（2月21日死去） 4月12日 人類初の有人宇宙船「ボストーク1号」が、ガガーリン少佐を乗せ地球一周に成功 8月13日 東ドイツが東西ベルリンの境界を封鎖。後にベルリンの壁が建設される 9月25日 日航 国内線（東京―札幌間）にジェット機初就航 10月2日 柏戸、大鵬が同時に横綱昇進（柏鵬時代の幕開け） 10月15日 日紡貝塚女子バレーボールチームが欧州遠征で24戦全勝。「東洋の魔女」と形容 10月24日 森光子「放浪記」初演（芸術座）	2月1日 東京都の人口が1000万人を突破（世界初の1000万都市に） 8月5日 マリリン・モンローが急死 8月12日 堀江謙一が小型ヨットで太平洋単独横断に成功 8月30日 戦後初の国産旅客機YS-11テスト飛行に成功 9月5日 国鉄・金田正一投手、3509奪三振の世界記録 10月10日 ファイティング原田が世界フライ級王座（ボクシング）を獲得 10月22日 米ケネディ大統領、キューバ海上封鎖を表明（キューバ危機） 11月5日 美空ひばりと小林旭が結婚（昭和39年に離婚）	1月1日 国産の連続テレビアニメ第一号「鉄腕アトム」放映開始 2月10日 小倉・門司・戸畑・若松・八幡の五市が合併して北九州市が誕生 3月29日 東京・数寄屋橋交差点に騒音自動表示器が設置される 6月5日 関西電力の黒部川第四発電所（黒四ダム）が完成 6月15日 坂本九の『上を向いて歩こう』が全米ヒットチャート1位に 7月16日 初の都市間高速道路、名神高速道路の栗東―尼崎が開通 11月23日 日米間のテレビ宇宙中継に成功、ケネディ大統領の暗殺を速報 12月8日 力道山刺される（12月15日死去）	4月1日 業務や留学だけに限られていた海外渡航が自由化される 4月8日 国立西洋美術館で「ミロのビーナス展」開催。京都にも巡回し入場者172万人 4月28日 『平凡パンチ』創刊 6月19日 太平洋横断海底ケーブル完成。池田首相とジョンソン米大統領が初通話 9月23日 巨人・王貞治が55本の本塁打日本記録 10月1日 東海道新幹線が開業 10月10日 夏季オリンピック・東京大会開幕 11月9日 佐藤栄作内閣が発足
初任給	8,300円	11,000円	12,400円	14,100円
テレビ・映画	【テレビ】 シャボン玉ホリデー／七人の刑事／夢であいましょう／NHK朝の連続テレビ小説開始 【映画】 用心棒／荒野の七人	【テレビ】 てなもんや三度笠／アベック歌合戦／コンバット 【映画】 ニッポン無責任時代／キューポラのある街／椿三十郎	【テレビ】 アップダウンクイズ／底ぬけ脱線ゲーム／大河ドラマ開始／日立ファミリーステージ「圭三ビッグプレゼント」 【映画】 天国と地獄／下町の太陽	【テレビ】 ひょっこりひょうたん島／木島則夫モーニングショー／逃亡者 【映画】 愛と死をみつめて／砂の女／007危機一発＝ロシアより愛をこめて
流行歌・ベストセラー	【流行歌】 スーダラ節（ハナ肇とクレージーキャッツ）／硝子のジョニー（アイ・ジョージ）／王将（村田英雄） 【ベストセラー】 何でも見てやろう（小田実）／砂の器（松本清張）	【流行歌】 いつでも夢を（橋幸夫・吉永小百合）／下町の太陽（倍賞千恵子）／遠くへ行きたい（ジェリー藤尾） 【ベストセラー】 手相術（浅野八郎）／徳川家康（山岡荘八）	【流行歌】 こんにちは赤ちゃん（梓みちよ）／高校三年生（舟木一夫）／東京五輪音頭（三波春夫） 【ベストセラー】 太平洋ひとりぼっち（堀江謙一）／危ない会社（占部都美）	【流行歌】 あゝ上野駅（井沢八郎）／アンコ椿は恋の花（都はるみ）／自動車ショー歌（小林旭） 【ベストセラー】 愛と死をみつめて（河野実・大島みち子）／おれについてこい！（大松博文）
世相・物価	・レジャーブームでスキー客100万人、登山客200万人突破 ・子どもの好きな物として「巨人、大鵬、卵焼き」と言われるようになる ・鉄道運賃（東京―大阪）1170円	・ムームーが100万着を売り大流行 ・若者たちの間でツイストがブームに ・はい、それまでよ／無責任男が流行語に ・入浴料 19円	・「小さな親切」運動が始まる ・女性会社員を意味する言葉がBGからOLになる ・牛乳1本 16円	・みゆき族が登場 ・「俺についてこい」「ウルトラC」が流行語に ・男子学生を中心にアイビールックが流行 ・週刊誌（『週刊朝日』）1冊 50円

昭和と出会えるミュージアム

大阪市立住まいのミュージアム
大阪くらしの今昔館

日本初の「住まい」をテーマにしたミュージアム。最大の見所は実物大で再現した江戸時代の大阪の街並みを実際に歩ける「なにわ町家の歳時記 」。他に近代大阪の代表的な住まいと暮らしを模型や映像などで体験できる。

江戸時代の街並みを再現したり、 昭和の暮らしを模型で展示

TEL：06-6242-1170
開館時間：10:00 ～ 17:00（入館は16:30まで）
休 館 日：火曜、年末年始（12/29～1/2）
入 館 料：大人600円、高大生300円、中学生以下無料
アクセス：Osaka Metro谷町線・堺筋線・阪急千里線「天神橋筋六丁目駅」からすぐ
住　　所：〒530-0041 大阪市北区天神橋6-4-20 大阪市立住まい情報センター内

（写真提供：大阪くらしの今昔館）

パナソニックミュージアム

創業者・松下幸之助の経営観、人生観に触れられる「松下幸之助歴史館」と、パナソニックのものづくりのDNAを探る「ものづくりイズム館」があり、創業期の作業場や同社が世に送りだした数々の製品などを見られる。

歴代の家電が見られるイズム館（左）と同社の歩みなどを学べる歴史館（右）

TEL：06-6906-0106
開館時間：9:00 ～ 17:00
休 館 日：日曜・年末年始
入 館 料：無料
アクセス：京阪本線「西三荘駅」から徒歩約2分
住　　所：〒571-8501 大阪府門真市大字門真1006番地

（写真提供：パナソニック）

シャープミュージアム

歴史館と技術館がある。歴史館では創業当時の製品や家電製品が広まった昭和30年代以降の代表的な製品を年代順に展示している。技術館では技術の進化を体験的に学べる。見学は予約をすれば係員が解説付きで案内してくれる。

国産第一号のラジオ、 テレビなどが展示されている

TEL：0743-65-0011
開館時間：9:30 ～ 16:30（入館は16:00まで）
休 館 日：土・日曜、祝日、会社休日
入 館 料：1000円
アクセス：JR桜井線・近鉄天理線「天理駅」からタクシーで 約15分 西名阪自動車道天理ICから3分
住　　所：〒632-8567 奈良県天理市櫟本町2613-1シャープ総合開発センター内

（写真提供：シャープ）

東芝未来科学館

東芝の歩みを振り返るヒストリーゾーン、科学技術を楽しく学べるサイエンスゾーン、最新の技術を紹介したフューチャーゾーンで構成。楽しみながら学習できるサイエンスショーなど、体験型のイベントも多く実施している。

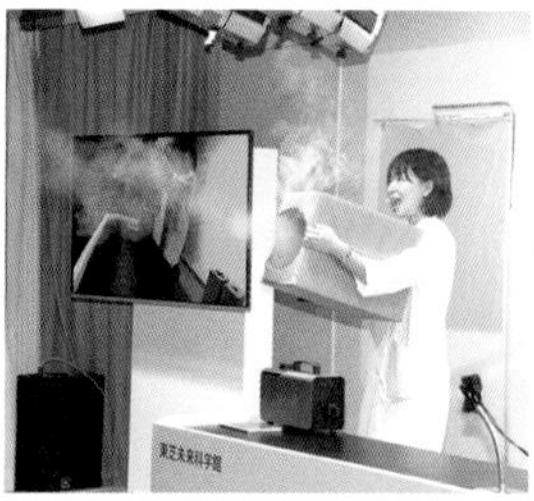

様々な東芝一号機製品の展示や、 体験型のイベントを数多く実施

TEL：044-549-2200
開館時間：火～金曜日9:30 ～ 17:00
土・日曜、祝日10:00 ～ 17:00
休 館 日：月曜（祝日を除く）、第4日曜、特定休館日
入 館 料：無料（小学生以下は保護者同伴）
アクセス：JR各線「川崎駅」から徒歩3分、京急各線「京急川崎駅」から徒歩8分
住　　所：〒212-8585 神奈川県川崎市幸区堀川町72番地34 スマートコミュニティセンター （ラゾーナ川崎東芝ビル） 2F

（写真提供：東芝）

あとがき

最後までお読みいただき、ありがとうございました。前作同様、まずは、「当時のモノたちを見てワクワクしてほしい、ほっこりしてほしい、そして時代の元気さや勢いを感じてほしい」ということを一番に考えて作りました。楽しんでいただけましたでしょうか。

ご縁があれば数年に一度くらいですが、コレクションを見てもらう展覧会を催しています。その際に、『古いモノが好きなんです』と子どもさんから声を掛けてもらうことがあります。また先日、懇意にしていただいている、ある博物館の方から『増田さんの本を持っていた小学生が来てくれて、熱心に見学していましたよ』と教えてもらいました。
私、１作目の本の中で、「展覧会に来たり、この本を読んだ子どもたちの中から、昔のモノを集めたり調べたりするのは楽しいな……という人がひとりでも出てくれたら嬉しい」と書きました。そんな子どもさんが、実際に一人二人といてくれるようです。私の本が少しでもそんなキッカケになっていたのなら、こんな嬉しいことはありません。20年後、30年後に、どこかの博物館で皆さんの「コレクション展」が開かれるのを楽しみにしています。

さて、今回この本を作る際に困ったことが、品物の発売年と価格を調べることでした。メーカーに記録がなかったり、ともすれば家電から撤退していたりと苦労しました。なにぶん個人の調査です。違う箇所があるかもしれませんが、どうぞご容赦下さい。また「これは違うよ」ということがありましたら、ご教授くださいませ。

最後になりましたが、この本を作るにあたっては、大阪くらしの今昔館、山川出版社、また各メーカーの方々、そして周りの皆さまに助けていただきました。ありがとうございました。紙数もそろそろ終わりのようです。またの機会ということで。そしてお読みくださった皆さま、あらためてありがとうございました。

増田 健一

本書はあらたに書き下ろしたものと合わせて、各博物館での展覧会用に制作したキャプション、既刊『昭和レトロ家電』、またWEBサイト「ゴールデン横丁」(https://goldenyokocho.jp/)で連載した内容の一部を加筆修正したもので構成しました。

〈主要参考資料〉

山田正吾『家電今昔物語』(三省堂 昭和58年)

家庭電気文化会『家庭電気機器変遷史』(昭和54年)

『戦後50年』(毎日新聞社 平成7年)

『一億人の昭和史6～8巻』(毎日新聞社 昭和51年)

『東京芝浦電気株式會社八十五年史』(昭和38年)

『松下電器五十年の略史』(昭和43年)

『三洋電機三十年の歩み』(昭和55年)

早川電機工業『アイデアの50年』(昭和37年)

『小泉グループ300年の軌跡』(平成28年)

『アサヒグラフ』(朝日新聞社　昭和30年代発行分)

『暮らしの手帖』(暮らしの手帖社 昭和30年～40年代発行分)

『電波新聞』(電波新聞社　昭和30年～40年代発行分)

本書に登場した各企業ホームページ

本文ではお名前をご紹介出来ませんでしたが、ご協力いただいた皆さま(順不同・敬称略)

大阪くらしの今昔館(谷直樹・深田智恵子・服部麻衣・上田祥悟)、磯貝恵三、大西正幸、酢谷征男、滝川登、橋本貞夫、林原泰子、堀雅人、宮川晴光、森崎麻衣子

写真や資料を提供いただいた各企業およびご担当者

〔著者略歴〕

増田健一（ますだけんいち）

昭和38年、大阪・千林でカメラ屋の長男として生まれる。昭和57年国鉄に入社、車掌や運転士して従事。昭和30年代のレトロ家電や雑貨に魅せられ収集を始める。平成14年JR西日本を退社。

古道具店の店員を経て、現在も会社勤めのかたわら収集の毎日。平成23年から大阪市立住まいのミュージアム特別研究員。大阪、東京などでコレクション展や講演会を開催し、いずれも好評を博している。著者に『懐かしくて新しい昭和レトロ家電』『続・懐かしくて新しい昭和レトロ家電』（ともに山川出版社）。

増田本人が家電の実演と解説をしている動画を公開

「てんコモリ！チャンネル　増田コレクション」

http://10komorimovie.com/archives/ten_category/masda

撮　　影／谷本潤一、京極　寛

撮影協力／大阪市立住まいのミュージアム（大阪くらしの今昔館）、音太小屋、
　　　　　カトーレック、倉田千聖（モデル、舞夢プロ）

装丁・組版／グラフ

編集協力／田口由大

決定版《けっていばん》　増田《ますだ》さんちの昭和《しょうわ》レトロ家電《かでん》

2020年6月24日　第1版第1刷印刷　2020年6月30日　第1版第1刷発行

著　者　増田健一

発行者　野澤伸平

発行所　株式会社　山川出版社

〒101-0047　東京都千代田区内神田1-13-13

電話　03-3293-8131（営業）　03-3293-1802（編集）

https://www.yamakawa.co.jp/

振替　00120-9-43993

印刷所　アベイズム株式会社

製本所　株式会社 ブロケード